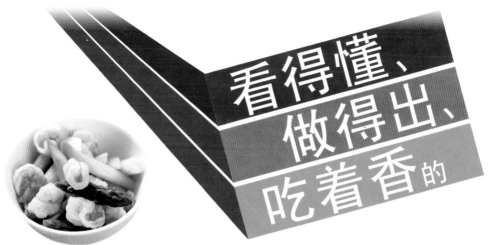

看得懂、做得出、吃着香的

家常菜

夏金龙◎主编

吉林科学技术出版社

夏金龙 中国烹饪大师，中国餐饮文化名师，国家高级烹饪技师，中国十大最有发展潜力的青年厨师，全国餐饮业国家级评委，法国国际美食会大中华区荣誉主席，吉林省吉菜研究专业委员会会长，2009年被中国国际交流促进会授予"中国烹坛领军人物奖"和"餐饮业卓越管理奖"。2010年8月22日由中国烹饪协会名厨专业委员派遣代表中国名厨参加世界各国现任"总统御厨第33届年会"。曾编著烹饪书籍数十种。现任吉林省人力资源和社会保障厅培训鉴定基地副总经理兼餐饮总监。

主　　编　　夏金龙

编　　委　　高树亮　刘启镇　刘　伟　韩光绪　曲晓明　曹清春　郭建武　贾艳华
　　　　　　李　野　李国安　刘　刚　刘云峰　张艳峰　于艳庆　姜喜丰　班兆金
　　　　　　李成国　孙学富　金凤菊　刘占龙　李　娜　郭久隆　张明亮　蒋志进
　　　　　　张　杰　刘凤义　刘志刚

前言
Foreword

  随着社会的发展，合理膳食及营养保健的理念逐步走进普通家庭，一两道有滋有味的炒菜，一道暖融融的汤羹，再加上几款精美的主食，几乎构成我们日常饮食的全部。但是，如何用最简单的方法烹调出美味可口的菜肴，如何依据均衡饮食的理论安排好一日三餐，如何针对家庭成员的不同需求设定好菜谱，如何烹调出营养丰富、各具特色的美味佳肴，这是每个家庭主妇都要考虑的现实问题。

  家常菜中最为常见的不外乎拌菜、炒菜、汤煲、主食，操作技法有腌拌、熏酱、熘炒、煎炸、蒸煮、焖炖、烧烩。为了满足人们对于饮食生活日益增长的需要，我们精心编写了这套"看得懂、做得出、吃着香"的家常菜谱丛书，丛书按照家庭常用方法，包括《看得懂、做得出、吃着香的家常菜》《看得懂、做得出、吃着香的家常炒菜》《看得懂、做得出、吃着香的家常汤煲》《看得懂、做得出、吃着香的家常主食》四本书，每本书精选了近130道原料取材容易、营养搭配合理、操作简便易行的家庭常见菜例，各种操作技法在本丛书中均有详细解说及经典菜例，让您能举一反三，做出能实现相同功效，且更适合自己口味的佳肴。

  书中不仅配有精美的成品图，最重要的是，每道菜肴的操作步骤都是一步一图，步步详解，让您一看就懂，一学就会，能够更直观、更轻松地选择习作。从动心到实现，距离并不遥远。另外，我们还在每款菜例中附加了操作时间、口味特点、烹饪窍门，使您的烹饪学习更加透彻明了。

  希望本丛书能够成为您生活上的好帮手，为您打开绚烂的烹饪之门，让每一餐都能让全家人尽享美味，让您和家人时时都能感受到其乐融融的温馨和快乐……

开胃爽口　Part ❶
腌拌菜

9 拌菜的分类
10 一步一步学拌菜

味香醇厚　Part ❷
熏酱菜

63 熏酱菜种类
64 熏酱菜原料初加工

鲜香爽滑 Part 3
熘炒菜

- **103** 家常炒菜的基本步骤
- **104** 上浆入味
- **105** 家常炒菜的基础常识

外酥里嫩　Part 4

煎炸菜

清香原味　Part 5

蒸煮菜

软嫩浓厚　Part 6

焖炖菜

浓香适口　Part 7

烧烩菜

滋补营养 Part 8
汤煲羹

229 汤汁的七大秘诀
230 汤煲的汤汁

营养美味 Part 9
好主食

253 米的基础知识
254 煮粥焖饭小窍门
254 家常主食的熟制方法

Part 1
开胃爽口腌拌菜

拌菜是冷菜的一种, 是将生料或熟料, 加工成较小的丁、丝、片、块、条或特殊形状, 用调味品拌制而成。拌菜具有用料广泛、制作精细、味型多样、品种丰富、开胃爽口、增进食欲等特点, 为家庭中比较常见的烹调技法之一。

炎热的夏季, 家庭制作一些美味可口的拌菜, 不仅入口清凉, 而且回味悠长。而对于冬季, 很多人以为拌菜不适合, 寒冷的天气再食用一些拌菜, 会让人感到发怵。其实拌菜不仅适宜夏秋季节, 冬季食用些拌菜, 可促进新陈代谢, 迫使身体自我取暖, 这会消耗一些脂肪, 调动免疫系统, 有利于保健, 也可以达到减肥的目的。

拌菜的分类

我们知道,拌是把生的原料或晾凉的熟原料,切成小型的丁、丝、条、片等形状后,加入各种调味品调拌均匀的做法。拌制菜肴具有清爽鲜脆的特点,基本方法一般可简单分为生拌、熟拌、温拌、混拌、炝拌等。

《 生 拌 》

生拌是利用可生食的原料,经洗涤、刀工后,用各种调料拌制加工而成。生拌由于只要洗净即可拌食,十分方便,营养价值也较高。用此方法可制作生拌白菜、生拌西瓜、生拌黄瓜丝、生拌哈蜜瓜、糖醋萝卜丝、生拌水果沙拉等。

《 熟 拌 》

熟拌是先把生原料经过水焯、汆烫或其他技法加工成熟,晾凉后改刀成形,加上其他配料和调味料拌制而成。用此方法可制作熟拌肚丝、熟拌粉皮、熟拌百叶、熟拌莴笋片、熟拌鸭丝、熟拌海蜇丝等。

《 温 拌 》

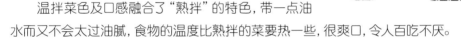

温拌又称热拌,是原料经洗涤和刀工后,先用沸水或温水烫一下,取出后沥净水分,趁热加上辅料和调味料拌制而成。用此方法可制作拌西蓝花、拌荷兰豆、拌黄瓜条、拌苔干菜、拌佛手瓜、拌杏仁、拌芦笋等。

温拌菜色及口感融合了"熟拌"的特色,带一点油水而又不会太过油腻,食物的温度比熟拌的菜要热一些,很爽口,令人百吃不厌。

《 混 拌 》

混拌是利用可食性生鲜原料和经过熟制的各种荤料,经过刀工处理后放在一起,加入多种调味料拌制而成。用此方法可制作拌鸡丝粉皮、拌肉丝粉皮、拌酱肉黄瓜、拌蟹肉黄瓜、拌蜇头、拌鸭胗等。

混拌菜肴具有原料多样、口感混合、软嫩清香的特点,也是凉拌菜肴中使用较多的一种拌法,可为人体提供丰富的营养,具有滋补保健的食疗效果。

《 炝 拌 》

炝拌就是先把经过加工制熟的原料放在盘内,再取炒锅放些油,在热油里放入花椒、蒜片、葱花等炝锅,调料香味散发之后捞出调料,把油淋在菜上,再拌制成菜。如炝拌菜花、炝拌茭白、炝拌虾仁、炝拌百叶等。

炝拌在操作过程中可有效地排除原料中的水分和异味,使原料入味,并使有些原料具有特殊的质感。炝拌菜肴操作方便,尤其适合家庭操作。

一步一步学拌菜

《 选 料 》

拌菜的原料广泛,除了常见的蔬菜、豆制品外,各种畜肉、禽蛋和水产品原料也可以制作拌菜。选购时要选用质地优良、新鲜细嫩的原料。另外,对于生拌类菜肴,其主要原料为各种蔬菜,选购时要谨防微生物和农药的污染,到专门的商店或柜台,选择生长环境无污染、未使用过农药、宜于生吃、采用无毒材料包装的"专用蔬菜"。

《 清 洗 》

原料的清洗和加工是拌菜中非常重要的一环。对于各种蔬菜类原料,有的应去除外皮并彻底洗净,特别是高低不平及有凹陷处的更应仔细洗涤,然后放在清水中浸泡半个小时,再用自来水冲洗干净。有的蔬菜可能有很多蚜虫,但因为它太小,很难被发现或洗净。针对这种情况,可以将蔬菜浸泡在淡盐水中(一盆水加半小匙食盐),在盐水的刺激下,蚜虫会与蔬菜脱离。对于一些具有腥膻气味的烹调原料,如畜类的内脏等,需要先把内脏加入米醋、面粉等揉搓均匀,再用清水浸泡洗净,以去除异味。另外,拌菜原料洗净或汆烫过后,务必完全沥干,否则拌入的调味酱汁味道会被稀释,导致风味不足。

━ 油菜的处理 ━

先将油菜去除老叶。

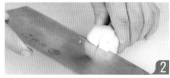
在根部剞上花刀,以便于入味。

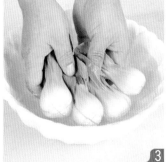
再放入小盆中,用清水洗净。

捞出沥干,即可制作菜肴。

━ 西蓝花的处理 ━

将西蓝花去根及花柄(茎)。

用手轻轻掰成小朵。

在花瓣根部剞上浅十字花刀。

放入清水中浸泡并洗净。

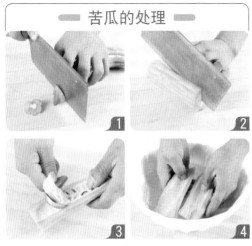

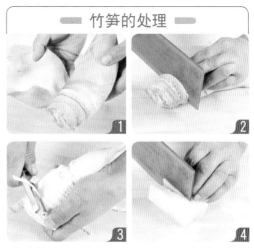

| 苦瓜的处理 | 竹笋的处理 |

①将苦瓜洗净，沥干水分，切去头尾。

②再顺长将苦瓜一切两半。

③用小勺挖去籽瓤。

④然后用清水漂洗干净，根据菜肴烹调要求切制即可。

①鲜竹笋清洗前需要先将竹笋剥去外壳。

②再用菜刀切去竹笋的老根。

③然后用刮皮刀削去外皮，放入清水中浸泡，洗净，沥干。

④再根据菜肴要求，切成各种形状即可。

〈 工 具 〉

经过上述处理的拌菜原料，在进一步细加工时，所使用的刀和砧板最好也是熟食专用的。若必须"生熟合用"的，在切配拌菜前，应使用经食品卫生监督部门鉴定、审查合格、允许使用于食具的洗涤剂，将刀和砧板彻底洗净，然后用沸水烫一下再使用。

〈 调 味 〉

拌菜中的调味是制作凉拌菜中重要的一步，在调味时需要注意，用作调料的酱油、甜面酱、生抽等，需要先放入蒸锅内蒸10分钟左右或放在锅内煮沸，晾凉后再使用。此外，根据各人的口味，还可以在冷拌菜中加入食醋、蒜末、姜丝等调味品，既有助于增味、提高食欲，还有帮助消化、杀灭致病菌的作用。最后，还需要注意，不要太早加入调味汁，因多数原料遇咸后都会释放水分，冲淡调味，因此，最好在准备上桌时淋入调味汁，调拌均匀即可。

〈 刀 法 〉

拌菜一般使用切刀法，分为直切、推切、拉切、锯切、铡切和滚刀切等多种刀法。直切，要求刀具垂直向下，左手按稳原料，右手执刀，一刀一刀切下去。这种刀法适用于萝卜、白菜、山药、苹果等脆性的根菜或鲜果。推切，适用于质地松散的原料。要求刀具垂直向下，切时刀由后向前推，着力点在刀的后端。拉切，适用于韧性较强的原料。切时刀与原料垂直，由前向后拉，着力点在刀的前端。锯切适用于质地厚实坚韧的原料。若拉、推刀法切不断时，可像拉锯那样，一推一拉地来回切下去。铡切适用于切带有软骨和滑性的原料。着力点在刀的前后端，要一手握刀柄，一手压刀背，两手交替用力，以铡断原料。滚刀切是使原料呈一定形状的刀法。每切一刀或两刀，将原料滚动一次，用这种刀法可切出梳背块、菱角块等形状。

韩国辣白菜

口味 咸辣
时间 24小时

白菜和调味料要逐层叠次放入，可以让白菜和调味料混合得更为均匀，腌渍得更加入味。除了主料白菜，各种配料的选择可以灵活掌握，除了胡萝卜和韭菜外，家庭中也可以添加多种其他的食材，其中比较常见的食材有萝卜、青椒、红椒、芹菜、黄瓜、鸭梨、苹果等。

❋ 材 料 Cailiao

大白菜750克 ●————

韭菜75克 ●————

胡萝卜、大蒜各50克 ●————

————● 精盐2大匙

————● 白糖、虾酱各1小匙

————● 辣椒粉1大匙

❧ 制作步骤 Zhizuo buzhou

❶韭菜择去老根和老叶,洗净,沥干,切成长段。

❷胡萝卜去皮,洗净,切成细丝;大蒜去皮,洗净,剁成蓉。

❸放入碗中,加入白糖、虾酱和辣椒粉调拌均匀成蒜蓉料。

❹大白菜去根和老叶,洗净,沥去水分,切成大块。

❺放入容器内,加入精盐抓拌均匀,腌20分钟,再挤干水分。

❽然后加入适量的蒜蓉料抹匀,最后放入剩余的白菜块。

❻取玻璃容器洗净,擦净内外水分,先放入少许的白菜块。

❾盖上容器盖,置阴凉处腌渍一天,再放入冰箱中冷藏即可。

❼涂抹上一层调制好的蒜蓉料,再撒入韭菜段和胡萝卜丝。

🌸 材 料 Cailiao

泡野山椒2瓶

猪耳、鸡爪、
鸡冠、猪尾各100克

木耳、银耳各10克

芹菜、胡萝卜各75克

胡椒20克，精盐1大匙

白醋1瓶

〜 制作步骤 Zhizuo buzhou

❶木耳、银耳分别用清水涨泡，去蒂，洗净，均撕成小块。

❷芹菜、胡萝卜分别洗涤整理干净，沥干水分。

❸将芹菜切成小段；胡萝卜切成小条。

❹猪耳、鸡爪、鸡冠、猪尾分别洗涤整理干净。

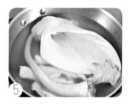

❺一起放入清水锅中，置火上烧沸，焯煮至断生。

❻捞出肉料，沥去水分，晾凉，均切成小块。

❼泡菜坛洗净，擦净内部水分，将野山椒连汁倒入坛中。

❽加入胡椒、精盐、白醋调匀，再放入猪耳块、鸡爪块、鸡冠块、猪尾块。

❾然后放入木耳、银耳、芹菜段、胡萝卜条调拌均匀。

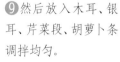

❿盖上坛盖，置于阴凉通风处腌泡24小时，随吃随取即可。

老坛香

口味 酸辣
时间 24小时

老坛香是四川风味菜肴，制作时需要注意，泡菜坛一定要刷洗干净，擦净表面的水分，不能沾有油污，以免食材出现腐烂的现象。

腌泡的时间一般一天以后即可食用，但为了更好地入味，也可以延长腌泡时间。

西芹拌香干

口味 咸鲜
时间 20分钟

 ▌▌▌▌在制作香干菜肴时最好先把切成丝、条的香干放入烧热的油锅内煸炒一下, 取出后加入其他配料及调味料拌制成冷菜, 这样可以去除香干及豆制品中常有的豆腥味, 而且成品也更加鲜香可口。如果喜欢辣味, 也可以在上桌时加入少许辣椒油或花椒油一起拌制。▌▌▌▌

✿ 材 料 Cailiao

香干200克

西芹100克

胡萝卜50克

精盐、味精、鸡精
各1/2小匙

白酱油、香油各1小匙

植物油2小匙

∾ 制作步骤 Zhizuo buzhou

❶西芹去根，撕去表面的老筋，洗净，沥去水分。

❷先切成5厘米长的段，再切成粗丝；胡萝卜去皮，洗净，切成丝。

❸一起放入沸水锅中焯至断生，捞出冲凉，沥干水分。

❹香干洗净，擦净表面水分，先片成薄片，再切成丝。

❺锅置火上，加入清水烧沸，放入香干丝焯烫一下，捞出沥干。

❻放入碗中，加入少许白酱油、精盐和香油调拌均匀。

❼锅中加入植物油烧至五成热，下入香干丝煸炒片刻，出锅晾凉。

❽碗中加入白酱油、香油、精盐、味精、鸡精拌匀成咸鲜味汁。

❾西芹丝、香干丝和胡萝卜丝放入容器中，加入味汁拌匀入味。

❿放入冰箱内冷藏保鲜，食用时取出，装盘上桌即可。

❁ 材 料 Cailiao

白菜、萝卜、莲白、胡萝卜各75克

青笋、洋葱各65克

嫩姜50克

八角、香叶、花椒、桂皮、香果各少许

干辣椒5克，精盐100克

米糟5小匙，冰糖1大匙

〰 制作步骤 Zhizuo buzhou

❶ 锅中加入清水2500克烧沸，放入八角、香叶、桂皮煮沸。

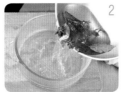

❷ 再加入干辣椒、花椒、香果煮5分钟，倒入容器内晾凉成泡菜汁。

❸ 白菜、萝卜、嫩姜、莲白、胡萝卜、青笋、洋葱分别洗净。

❹ 萝卜、胡萝卜、青笋切成5厘米长，1厘米见方的长条。

❺ 白菜、洋葱切成薄片；嫩姜切成小片；莲白切成小块。

❻ 取泡菜坛子1个，用清水将内外洗净，再擦去内外的水分。

❽ 然后放入白菜、萝卜、嫩姜、莲白、胡萝卜、青笋和洋葱。

❾ 盖严盖，坛口倒入清水封好，腌泡至入味，即可捞出装盘。

❼ 倒入煮好的泡菜汁，加入精盐、米糟、冰糖调至冰糖溶化。

四川泡菜

口味 咸酸
时间 3天

 泡菜又称泡酸菜,是利用低浓度(1%~4%)的食盐溶液和各种辛香料搭配混合,腌制各种鲜嫩蔬菜以及没有腥膻气味的禽蛋和水产品等。泡菜具有制作容易、营养卫生、风味可口、利于贮存的特点。全国各地均有生产,其中比较著名的有四川泡菜、贵州泡菜、湖南泡菜等。

五味苦瓜

口味 微苦

时间 30分钟

 酸豆角是把洗净的豆角晾晒后放入小坛内，加入精盐、花椒和清水等腌泡而成，因成品口味略酸而得名。此外家庭中如果没有酸豆角，也可以用榨菜、酸黄瓜或其他泡菜替代。

✤ 材 料 Cailiao

苦瓜200克，红椒丝50克

绿豆芽100克

酸豆角、熟芝麻各适量

蒜泥少许，精盐2大匙

镇江米醋、果汁各2小匙

酱油1大匙，植物油适量

❧ 制作步骤 Zhizuo buzhou

❶ 绿豆芽去根和豆皮，用清水漂洗干净，捞出。

❷ 锅置火上，加入清水和少许精盐烧沸，放入豆芽焯烫片刻。

❸ 捞出豆芽，放入冷水盆中过凉，捞出沥净水分。

❹ 酸豆角洗净，取出攥去水分，放在案板上切成细蓉。

❺ 苦瓜洗净，顺长剖开后去籽，切成薄片。

❻ 放入加有淡盐水的盆中浸泡至软，捞出冲净，沥干。

❼ 苦瓜片和绿豆芽拌匀，码放在盘内。

❽ 锅中加油烧热，下入红椒丝、酸豆角末、蒜泥炒出香味。

❾ 加入酱油、米醋、果汁调拌均匀成味汁。

❿ 浇淋在苦瓜和豆芽上拌匀，再撒上熟芝麻即可。

✿ 材 料 Cailiao

桔梗250克

大蒜20克

芝麻15克

精盐、辣椒粉各1大匙

白糖、米醋各适量

植物油100克

～ 制作步骤 Zhizuo buzhou

❶锅置火上烧热，放入芝麻用小火炒至熟香，取出晾凉。

❷锅中加入植物油烧热，下入辣椒粉稍炒，出锅盛在碗中。

❸大蒜去皮，洗净，放入小碗中，用擀面杖捣烂成蓉。

❹桔梗放入清水中浸泡至软，择洗干净，沥净水分。

❺锅中加入清水烧沸，放入桔梗焯烫一下，捞出，用冷水过凉。

❻攥干水分，撕成小细条，放入碗中，加入少许精盐拌匀，腌渍片刻。

❼将腌渍好的桔梗用清水快速漂洗一下，捞出，挤去水分。

❽放入容器内，加入精盐、白糖和米醋调拌均匀。

❾再倒入炒好的辣椒粉和蒜蓉调拌均匀。

❿码放在盘内，然后撒上炒好的芝麻即可。

腌拌桔梗

口味 咸辣
时间 20分钟

 桔梗是一种中药材，味苦、辛，性微温，主治咳嗽痰多、胸闷不畅、咽喉肿痛、失声、肺痈吐脓、便秘等症。收拾桔梗时需要先把桔梗放入清水中浸泡至软，再放入沸水锅内焯烫，捞出过凉，加入少许精盐腌渍片刻，再用清水洗净，最后拌制成菜上桌。

芥末鸭掌

口味 辛辣
时间 60分钟

芥末是芥菜成熟的种子碾磨成的一种粉状调料,其味微苦,辛辣芳香,对口舌有强烈刺激,味道十分独特。我们现在常见的芥末主要为绿芥末和黄芥末。芥末的主要辣味成分是芥子油,其辣味强烈,可刺激唾液和胃液的分泌,有开胃之功效,可以有效地增强人的食欲。

材 料 Cailiao

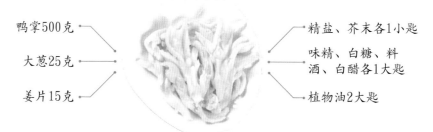

鸭掌500克

大葱25克

姜片15克

精盐、芥末各1小匙

味精、白糖、料酒、白醋各1大匙

植物油2大匙

制作步骤 Zhizuo buzhou

❶大葱去根和老叶,洗净,一半切成段,另一半切成细丝。

❷芥末放入碗中,加入少许沸水拌匀,盖上盖,稍焖出香辣味。

❸鸭掌洗净,剥去表面黄膜,剁去掌尖,放入沸水锅内焯烫一下。

❹捞出鸭掌过凉,再放入清水锅中,加入料酒、葱段和姜片。

❺用旺火煮沸,再转中火煮熟,捞出,用冷水泡透,切成块。

❻锅置旺火上,加入植物油烧至七成热,下入葱丝炒出香味。

❼倒在大碗中稍焖,加入精盐、白醋、白糖、味精调匀成味汁。

❽将鸭掌码放在盘内,淋上调好的味汁和芥末糊拌匀即成。

❊ 材 料 Cailiao

苦苣200克
猪瘦肉150克
花椒5克

精盐、味精各1小匙
酱油、香油各1/2大匙
植物油2大匙

〰 制作步骤 Zhizuo buzhou

 ❶苦苣去根，取嫩苦苣叶，洗净，切成段。

 ❷放入碗中，加入少许精盐拌匀后稍腌，再用清水洗净，沥水。

 ❸锅置火上烧热，放入花椒干炒至熟，取出，用擀面杖压成粉。

 ❹猪瘦肉剔去筋膜，洗涤整理干净，沥去水分。

 ❺放在案板上，先片成薄片，再切成5厘米长的丝。

 ❻净锅置火上烧热，加入植物油烧至六成热。

 ❼放入猪肉丝，用中小火煸炒出水分。

 ❽再加入少许酱油翻炒至熟，出锅，盛入盘内晾凉。

 ❾把苦苣段、猪肉丝放入容器内，加入精盐、味精、酱油拌匀。

 ❿码放在盘内，撒上炒好的花椒粉，淋上香油即成。

肉丝拌苦苣

口味 麻香
时间 20分钟

 苦苣菜又称苦菜，属常见野生菊科植物。以前，苦苣菜常成为灾民们的救命食物。近年来随着其营养价值被人们所熟悉，苦苣菜也走上了大众的餐桌，受到人们的喜爱。

萝卜丝拌海蜇丝

口味 鲜咸
时间 80分钟

 加工海蜇丝时如果掌握不好就会收缩，或者不卫生。海蜇应先用滚开水冲烫一下，再立即投进凉开水中浸泡，这样加工出来的海蜇不会收缩，且爽口味美。

✿ 材 料 Cailiao

心里美萝卜200克

白萝卜150克

海蜇丝50克

花椒3克，味精少许

精盐1小匙

白糖、白醋、植物油各适量

～ 制作步骤 Zhizuo buzhou

 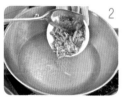  

❶海蜇丝放入清水盆内，用手轻轻揉搓以去除泥沙和杂质。

❷捞出海蜇丝，放入沸水锅中焯烫一下。

❸捞入冷水中冲洗、浸泡，除去咸涩味。

❹白萝卜、心里美萝卜分别去根，洗净，削去外皮。

❺先切成薄片，再切成5厘米长的细丝。

❻放入大碗中，加入适量精盐拌匀，腌渍1小时。

❼然后放入冷水中冲洗、泡透，以除去异味，取出，攥净水分。

❽将白萝卜丝、心里美萝卜丝和海蜇丝放在大碗里调拌均匀。

❾加入精盐、白糖、白醋、味精拌匀，腌渍20分钟，码放在盘内。

❿锅中加入花椒油烧至九成热，浇在萝卜丝上拌匀即可。

29

✿ 材 料 Cailiao

净仔鸡1只

芝麻、蒜瓣各25克

葱段、姜片、八角、
花椒、胡椒各少许

精盐2小匙,味精1/2小匙

白糖、花生酱、酱
油、陈醋各1/2大匙

料酒、花椒油、
辣椒油各适量

～制作步骤 Zhizuo buzhou

❶蒜瓣去皮,洗净,放
在碗内捣烂成蓉,加
入少许精盐拌匀。

❷芝麻洗净,沥去水
分,放入净锅内炒熟,
倒入盘内晾凉。

❸净仔鸡去除嗉子、内脏,剁去鸡尖和鸡爪,洗
涤整理干净。

❹锅中加入清水,放入仔鸡烧沸,焯烫一下以去
除血水,捞出。

❺放入冷水盆内浸泡10分钟,捞出,沥去水分。

❻仔鸡放入盆中,加入八角、花椒、姜片、葱段、
胡椒拌匀。

❼再加入料酒、精盐及适量清水拌匀,腌制入
味,取出后洗净。

❽放入大碗中,上屉用旺火蒸20分钟,取出晾
凉,放入冰箱冷藏。

❾将仔鸡取出,剁成
条块,放入碗中,加入
花生酱、白糖稍拌。

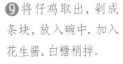

❿再加入辣椒油、蒜
蓉、酱油、味精、陈
醋、花椒油拌匀,撒上
熟芝麻即可。

口水童子鸡

口味 麻辣
时间 60分钟

TIPS ▐▐▐▐从市场上买回来的冷冻仔鸡，会有些从冷库里带来的怪味，影响成菜的口味。家庭在制作这道菜时，可在烧煮仔鸡前，先用姜汁把鸡身涂抹均匀并浸泡5分钟，就能起到返鲜的作用，怪味可除。▐▐▐▐

农家手撕菜

口味 咸香
时间 15分钟

 炒制酱料是制作手撕菜的关键，制作时需要先在炒锅中倒入适量植物油烧热，再倒入打好的鸡蛋液，用长筷子不断搅拌至鸡蛋呈碎末状，然后加入豆瓣酱（或大豆酱）等调味料，用小火烧煮至浓稠入味，出锅即可。

✿ 材 料 Cailiao

大白菜100克，
生菜75克

干豆腐、黄瓜各50
克，熟花生仁25克

青椒、红椒各
20克，鸡蛋2个

味精、鸡精各1小匙

小葱30克，豆瓣酱3大匙

香油1大匙，植物油适量

➷ 制作步骤 Zhizuo buzhou

❶大白菜、干豆腐、青椒、红椒、生菜分别洗涤整理干净。

❷沥去水分，用手撕成小片或小块，放入容器中。

❸小葱洗净，切成3厘米长的段；黄瓜洗净，先用刀背拍碎，再切成小块。

❹鸡蛋磕入碗中，加入少许精盐调拌均匀，打散成鸡蛋液。

❺锅中加入植物油烧热，倒入鸡蛋液，用筷子搅炒至碎。

❻再加入豆瓣酱、味精、鸡精和适量清水烧沸。

❼转小火炖5分钟至浓稠，淋入少许明油，出锅成鸡蛋酱料。

❽大白菜、干豆腐、青椒、红椒、生菜、黄瓜、小葱放入盆中。

❾加入鸡蛋酱料搅拌均匀入味，码放在盘内。

❿再撒上压成碎粒的熟花生仁，然后淋入香油即可。

❀ 材 料 Cailiao

长茄子500克

青椒、红椒、
香菜各少许

大蒜50克

白芝麻10克，精盐1小匙

味精、香油各1/2小匙

料酒、植物油各适量

〰 制作步骤 Zhizuo buzhou

❶青椒、红椒分别去蒂及籽，洗净，切成末；香菜洗净，切末。

❷大蒜去皮，洗净，放入碗中，加入少许料酒捣烂成蓉。

❸锅置火上烧热，放入白芝麻炒出香味，出锅晾凉。

❹长茄子洗净，从茄子根部顺长切一刀成两半（不要切断）。

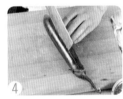

❺放入清水盆中，加上少许精盐拌匀，腌泡10分钟，取出沥水。

❻放入盘内，上屉用旺火沸水蒸10分钟至熟，取出晾凉。

❼将蒸好的茄子切成长条（或小块），码放在干净容器内。

❽加入蒜蓉、香菜末、精盐、味精、白芝麻和香油调拌均匀。

❾锅中加入植物油烧至六成热，下入青椒末、红椒末稍炒。

❿出锅倒在茄子上拌匀，再腌渍5分钟，即可上桌食用。

蒜泥茄子

口味 蒜香
时间 35分钟

 制作蒜蓉时可以加入少许的清水调拌均匀，而加入适量料酒拌制蒜蓉，可以使蒜香的味道更为突出，口味也更为适宜。炒制芝麻时需要注意，炒锅要干净，置火上烧热后再放入芝麻，用小火不断煸炒出香味，取出晾凉即可，注意不要炒煳。

蒜泥白肉

口味 咸香
时间 60分钟

猪五花肉要收拾干净,入锅烧沸后用中小火煮至熟烂,要关火稍焖一下,使其更加入味,肉质也较为软烂。此外,煮五花肉的肉汤不要倒掉,一来可用肉汤来调制蒜泥酱汁,二来可以用来烧菜调味。煮熟的五花肉要晾凉后切成薄片,可以避免破碎。

✤ 材 料 Cailiao

猪五花肉500克

蒜瓣50克

大葱、干辣椒各25克

姜片20克，花椒、香油各少许

老抽、辣椒油各1小匙，生抽2大匙

料酒2小匙，植物油3大匙

∾ 制作步骤 Zhizuo buzhou

❶蒜瓣去皮，洗净，放在碗内，加入少许精盐捣成蒜蓉。

❷大葱去根，洗净，葱白切成末，剩余部分切成段。

❸姜片切成细丝；干辣椒洗净，沥水，切成小段。

❹猪五花肉洗净，切成大块，放入清水锅内烧沸，焯烫一下，捞出。

❺净锅加入清水，放入五花肉块、葱段、姜片、花椒、料酒烧沸。

❽放入碗中，加入老抽、生抽、蒜蓉、香油、辣椒油调匀成味汁。

❻用中火将肉块煮至熟透，捞出晾凉，切成大薄片。

❾将五花肉片码入盘内，淋上调好的味汁，食用时拌匀即可。

❼锅中加油烧热，下入干辣椒段炸酥，制成油辣椒，取出剁碎。

❀ 材 料 Cailiao

猪舌500克

白芝麻15克

胡椒、花椒、八角、香叶各5克

味精、白糖、酱油、陈醋、香油各少许

精盐1小匙，料酒3大匙

辣椒油5小匙，卤水适量

⚘ 制作步骤 Zhizuo buzhou

❶白芝麻用清水漂洗干净，放在大盘内晾干水分。

❷净锅置火上烧热，放入白芝麻不断翻炒出香味，倒入碗中。

❸猪舌洗涤整理干净，擦干表面水分，放入盆中。

❹加入料酒、精盐、胡椒、花椒、八角、香叶拌匀，腌渍入味。

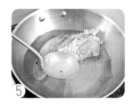

❺再放入清水锅中烧沸，焯烫一下，捞出，放入冷水中浸泡片刻。

❻净锅置火上，加入卤水烧至微沸，放入猪舌。

❼用旺火烧沸，再转小火卤煮至熟，捞出晾凉。

❽表面涂抹上少许香油，切成薄片，码放在盘内。

❾辣椒油、味精、酱油、陈醋、白糖放入碗中调拌均匀成味汁。

❿均匀地浇淋在猪舌片上，再撒上熟芝麻，即可上桌食用。

红油猪舌

口味 香辣
时间 60分钟

猪舌的收拾和卤制是制作本菜的关键。猪舌要先放入清水中浸泡以去掉血污，捞出沥净后再加入调味料充分腌渍入味，然后放入卤水锅内，用小火卤熟并入味。

银杏苦瓜

口味 微苦
时间 25分钟

TIPS ▊▊▊银杏不宜生食，在制作菜肴时需要经过浸泡焯水，去掉胚芽后再烹调成菜肴，以免发生中毒现象。烹调苦瓜菜肴时要把收拾干净的苦瓜放入沸水锅内焯烫一下，捞出后用冷水过凉，此法不仅可以去除苦瓜中过多的草酸成分，而且还可以减少苦瓜中的苦味。▊▊▊

✿ 材 料 Cailiao

苦瓜300克
银杏50克
鲜红辣椒30克

蒜蓉15克
精盐1小匙
味精、香油、植物油各1/2小匙

∿ 制作步骤 Zhizuo buzhou

❶红辣椒去蒂和籽，洗净，沥去水分，切成菱形小片。

❷锅中加水烧沸，放入银杏烫透，捞出，用冷水冲凉，沥去水分。

❸苦瓜切去两端，去皮，洗净，顺长切成4瓣，除去瓜瓤。

❹放入淡盐水中浸泡，捞出，沥去水分，用坡刀片成小块。

❺放入加有少许精盐的沸水锅中焯透，捞出冲凉，沥干。

❻锅中加入植物油烧至八成热，下入红辣椒块煸炒出香味。

❼出锅装入盆内晾凉，再放入苦瓜块和银杏调拌均匀。

❽然后加入精盐、味精、香油、蒜蓉拌匀，腌渍入味，装盘即成。

✿ 材 料 Cailiao

苦瓜500克
大葱30克
花椒、姜片各5克

精盐2小匙
味精1小匙
香油适量

〰️ 制作步骤 Zhizuo buzhou

❶大葱去根和老叶，洗净，擦净表面水分，先切成小段。

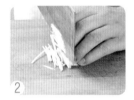

❷再切成细丝，放入小碗中，加入精盐调拌均匀。

❸锅中加入香油烧至九成热，浇淋在葱丝上稍焖成葱油。

❹苦瓜切去两端，洗净，先顺长切成两半，挖去瓜瓤。

❺再斜切成大片，放入沸水锅内焯至断生，捞出沥水。

❻放入容器中，趁热撒上少许精盐拌匀。

❼锅中加入少许香油烧热，下入花椒、姜片煸炒出香味。

❽捞出花椒和姜片不用，将热油淋在苦瓜片上拌匀。

❾再加入味精，倒入炒好的葱油调拌均匀。

❿然后放入冰箱内冷藏保鲜，食用时取出，码盘上桌即成。

葱油拌苦瓜

口味 葱香
时间 25分钟

TIPS

大葱取葱白部分，洗净后切成细丝，放在小碗内，再淋上烧至滚沸的热油稍闷出香味即成清香味浓的葱油。苦瓜中含有一定量的草酸，如果一次食用过量，会影响微量元素钙和锌在人体肠胃中的吸收。所以，在烹调苦瓜菜肴前，最好先将苦瓜放入沸水锅内焯烫一下。

双椒拌螺丁

口味 咸鲜
时间 20分钟

 ▋▋▋海螺要保证鲜活，刷净表面污物后要放入淡盐水中浸泡，以使海螺吐出腹内的杂质。取出的海螺肉去净黄白色的肠脑，洗净后切成丁，再放入沸水锅内焯烫，时间不宜长，烫熟即可，以免口感老韧。▋▋▋

❋ 材 料 Cailiao

活海螺6只

青椒、红椒各75克

精盐2大匙

味精、白糖各2小匙

美极鲜酱油、
白醋各3大匙

香油适量

➰ 制作步骤 Zhizuo buzhou

❶青椒、红椒去蒂和籽,洗净,沥净水分。

❷先切成小条,再切成0.6厘米见方的小丁。

❸将海螺表面刷洗干净,放入盛有淡盐水的盆内浸养。

❹取出海螺,砸碎螺壳后取海螺肉,去掉黄白色的海螺肠脑。

❺放入碗中,加入少许精盐揉搓,去除黏液,再换清水洗净。

❻把海螺肉沥净水分,改刀切成1厘米见方的丁。

❼净锅置火上,加入清水烧沸,放入海螺丁焯透,捞出沥干。

❽精盐、味精、白醋、美极鲜酱油、香油、白糖放入碗中调匀。

❾将海螺丁、青椒丁、红椒丁码放在盘内。

❿淋上调好的味汁,食用时上桌拌匀即可。

❈ 材 料 Cailiao

鲜海带300克

莲藕50克

青椒、红椒各30克

蒜蓉10克，精盐1/2大匙

味精、香油各少许

白糖、米醋各1小匙

～ 制作步骤 Zhizuo buzhou

❶莲藕去根和藕节，削去外皮，放入清水中浸泡并洗净，取出沥水。

❷先切成薄圆片，再改刀切成4半，放入沸水锅中焯透，捞出冲凉。

❸青椒、红椒分别去蒂和籽，用清水洗净，切成菱形小片。

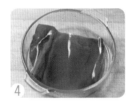

❹鲜海带放入淡盐水中浸泡，揉搓去除黏液，用清水洗净。

❺捞出，沥净水分，切成菱形小块，再放入沸水锅内焯烫一下。

❻捞入冷水中冲凉，取出后用纱布包裹，挤去水分。

❼将海带块、莲藕片、青椒片、红椒片放入干净容器内。

❽加入精盐、味精、白糖、米醋调拌均匀，再放入蒜蓉稍拌。

❾锅中加入香油烧至九成热，浇淋在海带块和莲藕片上。

❿用保鲜膜包裹密封，入冰箱内冷藏，食用时取出装盘即成。

凉拌海带

口味 清香
时间 20分钟

家庭中也可以使用干海带制作此菜，但需要注意，从市场里买回来的干海带，常附着一层白霜似的白粉，令人有不洁之感。其实它并不是霉菌，而是人们还不太熟悉的有机化合物"甘露醇"，有降低血压、利尿和消肿的作用。

肉丝拉皮

口味 清爽
时间 20分钟

 制作肉丝拉皮的关键就是要调制好味汁。调制时要先把芝麻酱放入碗中，用适量凉开水调匀，再逐步加入精盐等调味料拌匀，然后淋入香油等拌匀至浓稠即成。

48

❀ 材 料 Cailiao

粉皮200克

猪里脊肉150克

黄瓜、胡萝卜、水发木耳、金针菇各70克

水发海米、香菜、鸡蛋皮、葱丝各少许

精盐、味精、白糖、香油各1小匙

酱油、白醋、芝麻酱、芥末油、植物油各适量

❀ 制作步骤 Zhizuo buzhou

❶粉皮用温水泡开，放入沸水锅内焯烫一下，捞出过凉，沥水。

❷水发木耳、胡萝卜切成丝；金针菇洗净，用沸水焯透，捞出冲凉。

❸香菜择洗干净，切成段；蛋皮、黄瓜均切成细丝。

❹猪里脊肉剔去筋膜，洗净，沥去水分，切成5厘米长的丝。

❺锅中加入植物油烧至六成热，先下入葱丝、猪肉丝煸炒至熟。

❻再加入少许精盐、酱油、味精翻炒均匀，出锅盛在盘内。

❼取大圆盘一个，把香菜段摆在大圆盘的边缘，撒上水发海米。

❽再把蛋皮丝、木耳丝、胡萝卜丝、黄瓜丝和金针菇间隔摆好，然后放上粉皮丝，再将炒好的肉丝放在一个小圆盘内。

❾芝麻酱放入碗中，加入凉开水、精盐、酱油、白醋、白糖搅匀。

❿再加入味精、香油、芥末油调匀，与粉皮、肉丝一同上桌即可。

✿ 材 料 Cailiao

猪肘子1000克

油菜心100克

葱段20克，姜片15克

花椒、八角、丁香各3克

花椒油、味精、胡椒粉、酱油、陈醋各少许

精盐2小匙，料酒3大匙，辣椒油5小匙

〰 制作步骤 Zhizuo buzhou

❶油菜心去根和老叶，洗净，在根部剞上十字花刀。

❷放入沸水锅内焯烫一下，捞出过凉、沥水，码放在盘内。

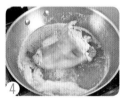

❸猪肘子剔去骨头，刮净绒毛，洗涤整理干净。
❹锅置旺火上，加入清水、猪肘子烧沸，焯烫一下，以去除血水。

❺捞出猪肘，放入冷水中泡凉，沥干水分，放在小盆内。

❻再放入葱段、姜片、花椒、八角、丁香、精盐、料酒拌匀，腌制8小时。

❼用纱布将猪肘包裹好，放入蒸锅蒸40分钟左右至熟透。

❽取出蒸好的猪肘晾凉，切成薄片，码放在油菜心上面。

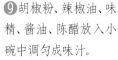

❾胡椒粉、辣椒油、味精、酱油、陈醋放入小碗中调匀成味汁。

❿均匀地浇在猪肘和油菜上面，淋入烧热的花椒油即成。

麻辣拌肘花

口味 麻辣
时间 9小时

 ▌▌▌在加工和修割猪肘时需要注意，猪肘的皮面要留长一点。因为猪肘的皮面含有丰富的胶质，加热后收缩性较大，而肌肉组织的收缩性则较小，如果皮面与肌肉并齐或是皮面小于肌肉，加热后皮面会收缩变小而脱落，致使肌肉裸露而散碎。▌

51

猪耳冻

口味 鲜香
时间 2.5小时

 ▌▌▌▌猪肉皮要片去内侧的油脂，放入冷水中刷洗干净，不能用热水清洗。此外，家庭中如果没有猪肉皮，也可以用琼脂替代，方法是：要先把琼脂洗净，泡软，入锅煮透，再与猪耳一起搭配制作成菜。▌▌▌▌

✿ 材 料 Cailiao

猪耳750克

猪肉皮250克

大葱25克

老姜15克

精盐1小匙，味精1/2小匙

料酒2大匙

∿ 制作步骤 Zhizuo buzhou

❶猪肉皮去掉绒毛，削去脂皮，洗净，切成长条。

❷放入清水锅中焯煮至软，捞出，用冷水过凉。

❸大葱去根和老叶，洗净，切成段；老姜去皮，洗净，拍散。

❹猪耳刮净绒毛，洗净，沥去水分，去掉耳尖及耳根肉。

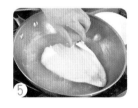

❺放入清水锅中烧沸，焯烫5分钟，捞出过凉，沥去水分。

❻锅中加入清水、葱段、姜片、猪耳煮几分钟，捞出葱段、姜片。

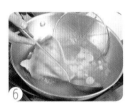

❼再加入精盐、料酒，转小火煮30分钟，捞出猪耳，用清水洗净。

❽将猪耳、猪肉皮条放入碗中，浇入煮猪耳的汤汁，入笼蒸1小时。

❾捞出猪耳，放在深盘内，用重物压平；原汤加入味精调匀。

❿倒入猪耳盘内冷却，再放入冰箱冷藏，食用时取出，切成片，码盘上桌即可。

✿ 材 料 Cailiao

牛百叶300克

青椒、红椒各15克

芝麻、蒜末各10
克，红干辣椒3克

葱末5克，精盐、味精、
鸡精、生抽各1/2小匙

白糖、陈醋、辣椒油
各1小匙，植物油适量

胡椒粉、香油、料
酒、花椒油各少许

～ 制作步骤 Zhizuo buzhou

❶青椒、红椒分别去
蒂和籽，洗净，沥去水
分，切成细丝。

❷红干辣椒洗净，切
成细丝；芝麻放入热
锅内炒熟，晾凉。

❸牛百叶洗净，刮去表面黑膜，再用清水浸泡并
择洗干净。

❹先切成细丝，再放入沸水锅中焯烫一下，捞出
冲凉，沥干水分。

❺牛百叶丝、青椒丝、
红椒丝、葱末、蒜末放
入容器内拌匀。

❻加入陈醋、白糖、精
盐、味精、鸡精、生抽、
胡椒粉、料酒调匀。

❼码放在大盘内，淋
上辣椒油、花椒油拌
匀，再淋入香油。

❽锅中加油烧热，下入
干辣椒丝、芝麻炸香，
淋在百叶上即成。

炝拌牛百叶

口味 微辣
时间 15分钟

 ‖‖‖牛是反刍动物，与其他的家畜不同，其最大的特点就是有四个胃，分别是瘤胃、网胃（蜂巢胃）、瓣胃（百叶胃）和皱胃。另外，牛百叶还分两种，吃饲料的牛百叶发黑，吃粮食的牛百叶发黄。‖‖‖

麻酱素什锦

口味 清香
时间 20分钟

调制味汁时要先把芝麻酱放入碗内，边加入少许凉开水边朝同一个方向匀速搅拌至浓稠，再加入精盐、酱油等调味料调好口味即成。除了上面介绍的原料外，茭白、西蓝花、玉米笋、青红椒、香菇、金针菇等也是不错的选择。

❁ 材 料 Cailiao

青萝卜、红心萝卜、白萝卜各75克

胡萝卜、莴笋、嫩白菜各65克

黄瓜、生菜各50克，芝麻25克

精盐1小匙，味精1/2小匙

白糖、酱油、白醋各1/2大匙

芝麻酱4大匙，芥末油少许

❧ 制作步骤 Zhizuo buzhou

❶芝麻放入碗中，边倒入清水边不停晃动，以去除杂质，洗净。

❷锅置火上，放入芝麻用小火翻炒至熟香，倒入碗中晾凉。

❸青萝卜、红心萝卜、白萝卜、胡萝卜、莴笋去皮，洗净，均切成丝。

❹分别加入适量精盐拌匀，腌渍出水分，再用清水洗净。

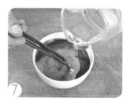

❺黄瓜、生菜、嫩白菜分别洗涤整理干净，均切成细丝。

❻将各种蔬菜丝攥干水分，分别团成5厘米的球形，放入盘中。

❼芝麻酱放入碗中，先加入少许凉开水搅匀。

❽再加入精盐、酱油、味精、白醋、白糖、芥末油调匀成味汁。

❾再分别浇淋在各种蔬菜丝球上。

❿然后撒上熟芝麻，食用时调拌均匀即可。

❀ 材 料 Cailiao

鸡胗350克
香葱60克
红辣椒20克

精盐1/2小匙
味精、鸡精、香油各1小匙
植物油少许

∿ 制作步骤 Zhizuo buzhou

❶香葱去根，洗净，切成3厘米长的小段。

❷红辣椒洗净，沥净水分，去蒂、去籽，切成细丝。

❸锅中加入植物油烧热，下入香菜段、红辣椒丝煸炒出香味。

❹出锅盛入盘内，加入少许精盐拌匀，用筷子拨散后晾凉。

❺鸡胗去除内部杂质和表面油脂，用清水洗净。

❻锅置火上，加入清水烧沸，放入鸡胗煮约25分钟至熟。

❼捞出，用冷水过凉，沥去水分，切成薄片。

❽将鸡胗片、香葱段、红辣椒丝放入容器内。

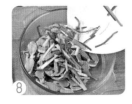

❾加入精盐、味精、鸡精调拌均匀入味。

❿码放在盘内，再淋入香油拌匀即可。

香葱拌鸡胗

口味 葱香
时间 40分钟

TIPS
香葱要去根，洗净，切成小段，再放入烧热的油锅内，加入红辣椒丝等用旺火爆炒片刻出香味，出锅后拨散晾凉，时间不宜长，以免香葱、辣椒丝软塌，影响成菜口味。

姜汁豇豆

口味 辛香
时间 20分钟

 姜汁是烹调中常用的辛香调味汁，而制作姜汁的方法也有很多，除了本菜介绍的用榨汁机加工姜汁外，家庭中还可以把切成细末的姜直接用水浸泡；或者把姜末搭配少许米醋拌匀后取姜汁；也可以把姜末放入烧热的油锅内煸炒成姜汁油使用。

✾ 材 料 Cailiao

长豇豆300克

鲜姜25克

鲜红辣椒15克

精盐、味精、白糖各少许

胡椒粉、香油各1/2小匙

植物油1大匙

∽ 制作步骤 Zhizuo buzhou

❶鲜姜用清水浸泡并洗净,取出,削去外皮,切成大块。

❷把姜块放入榨汁机内,加上少许清水和精盐榨取姜汁。

❸鲜红辣椒去蒂和籽,洗净,沥净水分,切成细丝。

❹长豇豆掐去两端,洗净,切成3厘米长的小段。

❺锅中加入清水、少许植物油和精盐烧沸,放入豇豆段。

❻用旺火焯烫至熟透,捞出,用冷水过凉,沥净水分。

❼锅中加入植物油烧至六成热,下入红辣椒丝煸炒片刻,盛出。

❽将豇豆段放入容器内,加入姜汁和红辣椒丝调匀。

❾再加入少许精盐、味精、白糖、胡椒粉和香油搅匀入味。

❿盖上盖,放入冰箱内冷藏至凉,食用时取出,装盘上桌即成。

Part 2
味香醇厚熏酱菜

　　熏酱菜是指以蔬菜、畜肉、禽蛋、水产等为原料，经过熏、腌、酱、泡等工艺加工而成的制品统称。我国熏酱菜产地甚多，遍及全国各地，风味名产亦多。熏酱菜不仅可以佐餐、佐酒，又可下饭、配粥，是深受百姓喜爱的风味食品。

　　我国制作熏酱菜的历史最早可追溯到周朝，距今大约有三千多年的历史。经过长期的实践，我国熏酱菜的生产技术和花色品种逐渐由少到多，由简单到复杂，逐步发展起来。到了明清时，其工艺和品种都已经有了很大的进步。很多古籍中对熏酱菜都有详尽的记载，其加工工艺、品种等一直流传至今。

熏酱菜种类

从字面上而言，熏酱菜主要含有两大类，分别为熏菜和酱菜。而习惯上除了上面两大类外，出于叙述上的方便，我们还为您介绍与其比较近似的腌菜、卤菜和泡菜三大类。

《 酱 菜 》

酱是将原料先腌制（或焯水、油炸），然后放入加有各种调料、香料的酱汤中，用旺火烧沸，撇净浮沫，再转小火煮至熟烂入味，使酱汤浓稠，均匀地粘裹在原料表面（或将原料炒浓，涂在原料上）的一种烹调方法。酱菜具有色重、味浓、酥烂、不腻、咸香等特色。

酱菜的腌制是以精盐和香料来增加成菜干香的质感和使肉质色泽变红。用酱的方法做菜，北方使用较多，原料大多是家畜、家禽、内脏等。酱制前，原料一般要进行焯水或过油处理，以除去血污和腥膻气味。另外还要调制"酱汁"。酱汁是以酱油为主，配以糖色（焦糖）、精盐、葱姜、花椒、桂皮、香料（如陈皮、甘草、丁香、小茴香、砂仁、豆蔻、白芷等）加水熬煮而成，对酱菜风味质量起着决定性的作用。

《 卤 菜 》

卤菜又称卤制品、卤味菜、卤货等，是餐饮业使用最为广泛的烹调方法之一。卤就是将加工处理的大块或整形原料放入卤汁锅内，加热煮熟或煮烂，使卤汁的鲜香滋味渗透入原料内部的一种烹调方法。卤菜一般晾凉后食用，但也可热吃，具有色泽美观，鲜香适口的特点。

卤制菜适用的原料有畜肉类、禽蛋类、水产品类、豆制品类、蔬菜类、菌菇类等。一般先将原料经焯水处理后，再放入卤汁中，用旺火烧开，转小火慢卤至入味。有的原料整理干净后，可直接下锅卤制，还有的先腌后卤。

《 熏 菜 》

熏是将腌渍好的生料或已经烹调成熟及接近成熟的原料，通过烟气加热，使菜肴带有特殊烟香味，或同时使原料成熟的一种烹调方法。熏的燃料主要有糖、米、茶叶、糠、锅巴、甘蔗渣、松枝、柏枝、竹叶、花生壳、向日葵壳、香樟树叶等。熏制的原料多为动物性材料及水产品，如猪肉、猪肝、猪肚、鸡、鸭、鹌鹑、乳鸽、蛋类、鱼虾、蟹贝、海螺、海带等，有些豆制品及根、茎、果类蔬菜经加工后也可熏制，经过熏制的菜品色泽艳丽，咸淡适中，质嫩味醇，保存时间长，风味独特。

熏的方法有两种，即生熏法与熟熏法。生熏法是将初加工整理好的生料，用调味品腌渍入味，再经熏料烟熏成熟。生熏法在选料上多以肉质鲜嫩，形体扁薄的鱼类为主。

熟熏大多数要经三道以上工序，每个品种流程又不尽相同，有的是：初加工→卤制→熏（如熏猪肚）；有的是：煮→腌→熏（如熏蛋）；有的是：初加工→煮→腌→熏（如熏兔、熏肉）。

熏酱菜原料初加工

我们知道,鲜活的、未经过任何加工的烹饪原料,一般都不能直接用于烹调菜肴制作,必须根据食用和烹调菜肴的要求,按其种类、性质的不同,进行合理的初步加工处理。

熏酱菜原料的初加工包含的内容有很多,如原料的清洗、原料的涨发、原料的去腥、原料的切配、原料的保存等。

《 鸡胗切花刀 》

①将鸡胗从中间剖开,清除内部杂质。

②撕去鸡胗内层黄皮和油脂。

③用清水冲净,沥水,剞上一字刀纹。

④再调转角度,剞上垂直交叉的平行刀纹即可。

《 扇贝加工 》

①新鲜扇贝要先用清水冲洗干净,再用小刀伸进贝壳内。

②将贝壳一开为二,同时划断贝壳里面的贝筋。

③用小刀贴着贝壳的底部,将扇贝肉完全剔出来即为扇贝肉。

④将扇贝肉放入淡盐水中浸泡几分钟,取出后换清水洗净。

⑤再用小刀将扇贝肉的内脏,也就是看上去黑乎乎的东西剔除。

⑥将完整的扇贝肉放入大碗中,加入少许精盐和清水浸泡5分钟。

⑦捞出扇贝肉,再加入少许淀粉、清水搓洗干净。

⑧然后换清水漂洗干净,沥去水分即可。

《 水发蹄筋 》

把蹄筋放入清水盆内洗净。

再放入温水盆中浸泡至稍软。

放入温水锅中烧沸，离火浸软。

再换清水煮至色白、无硬心。

捞出，用冷水过凉，去掉杂质。

沥净水分，加工成形即成。

《 油发蹄筋 》

①将蹄筋洗涤整理干净，沥水，放入温油锅中，逐渐升温并搅动，离火焐透，待蹄筋缩小、气泡消失，再加热。

②待蹄筋全部松脆膨胀，捞出沥油，放入热碱水中浸泡15分钟，取出后去杂质，用清水洗净即可。

《 鹌鹑加工 》

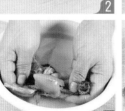

①用手指猛弹鹌鹑的后脑部将鹌鹑弹晕。

②再用剪刀剪开鹌鹑腹部的表皮。

③连同羽毛一起将外皮撕下。

④再用剪刀剪去嘴尖及脚爪。

⑤用手伸进鹌鹑腹腔内把内脏掏出。

⑥再用清水洗净，沥净水分即可。

⑦也可把掏出的鹌鹑肝和胗用清水洗净。

⑧放入鹌鹑腹内一起煮制成汤羹。

松花熏鸡腿

口味 鲜香
时间 2小时

TIPS ▌▌▌▌鸡腿要收拾干净，先顺长切一刀，再剔净骨头和筋膜，在表面剞上浅十字花刀，加入调味料拌匀并腌制入味，腌制时间根据季节的不同而有所变化，一般冬季需要12小时，夏季4小时。▌▌▌▌

材 料 Cailiao

净鸡腿1只

松花蛋2个

精盐、料酒各2小匙

味精、红糖、花椒粉各1小匙

胡椒粉少许

茶叶、香油各1大匙

制作步骤 Zhizuo buzhou

❶ 松花蛋剥去外层腌料，洗净，沥去水分，上屉用旺火蒸透。

❷ 取出后剥去外壳；茶叶加入适量热水浸泡出茶香味。

❸ 鸡腿放入清水中浸泡，洗净，捞出，沥去水分，剔去骨头。

❹ 放入碗中，加入料酒、精盐、味精、胡椒粉、花椒粉腌制入味。

❺ 将腌好的鸡腿皮朝下铺在案板上，中间放入蒸好的松花蛋。

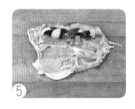

❻ 从一侧卷起成筒状，用线绳捆紧扎牢成松花鸡腿生坯。

❼ 放在盘内，入蒸锅用旺火蒸30分钟至熟，取出。

❽ 坐锅点火，撒入浸湿的茶叶和红糖，架上铁箅子，刷上香油。

❾ 再放上松花鸡腿，盖严锅盖，用旺火熏制2分钟呈金黄色。

❿ 取出松花鸡腿，刷上香油，食用时切成片，装盘上桌即可。

❋ 材 料 Cailiao

鸭肠500克，红辣椒、香菜各20克

蒜蓉10克，精盐、辣椒油各1大匙

味精3大匙，白糖2大匙，老汤1000克

酱料包1个（鲜姜、鸡油各50克，八角、肉蔻、砂仁、白芷、桂皮各10克，丁香、小茴香各5克）

熏料1份（大米100克，白糖25克，茶叶15克）

◟ 制作步骤 Zhizuo buzhou

❶ 红辣椒去蒂和籽，切成细丝；香菜去根和老叶，洗净，切成段。

❷ 鸭肠放入清水盆内，加入米醋和面粉揉搓均匀，洗去黏液。

❸净锅置火上，加入清水烧沸，放入鸭肠焯烫一下，捞出冲净。

❹锅中加入老汤、酱料包、精盐、味精、白糖烧沸，放入鸭肠。

❺用小火煮约25分钟至熟，捞出沥水。

❻取一铁锅，先均匀地撒上一层大米，再撒入茶叶、白糖。

❼架上一个铁箅子，放上煮好的鸭肠，盖严锅盖。

❽铁锅置旺火上，烧至锅内冒出浓烟，关火散烟，取出鸭肠。

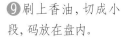

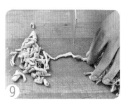

❾刷上香油，切成小段，码放在盘内。

❿加入辣椒油、蒜蓉、香菜段、红辣椒丝拌匀即可。

熏拌鸭肠

口味 鲜辣
时间 50分钟

家庭在烹调鸭肠时最好使用新鲜的鸭肠,而少用冷冻品。因为使用解冻后的鸭肠制作菜肴,成品质地发渣、口感面糯,成品质量比鲜品的细腻滑嫩要差的多。

盐水鸭肝

口味 咸鲜
时间 2.5小时

 ‖‖‖鸭肝要先剔去油脂和筋膜，放入冷水或花椒水内浸泡以去除血水，再放入清水锅内煮制。煮制鸭肝的时间不宜长，只要煮熟即可，而浸泡鸭肝的时间可长些，便于入味。‖‖‖

❈ 材 料 Cailiao

鸭肝750克 —

大葱15克 —

姜块10克 —

— 花椒5克，香叶2片

— 精盐2小匙，味精
1小匙，料酒1大匙

— 鸡精、白糖、香油、
植物油各少许

❦ 制作步骤 Zhizuo buzhou

❶锅置火上烧热，放入花椒、香叶稍炒片刻，出锅晾凉。

❷大葱择洗干净，切成段；姜块去皮，洗净，切成大片。

❸鸭肝去掉油脂，放入冷水中浸泡去除血水，再用清水洗净。

❹锅中加入清水烧至50℃，放入鸭肝(水量以淹没鸭肝为准)。

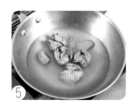

❺用中火煮沸后关火，撇去浮沫，把鸭肝浸泡在原汁内。

❻锅中加入植物油烧热，下入葱段、姜片、花椒、香叶炝锅。

❼滗入适量煮鸭肝的原汁，加入料酒烧沸。

❽把汤汁过滤去杂质，加入白糖、味精、鸡精调成味汁。

❾放入鸭肝浸泡2小时至入味，捞出鸭肝，涂抹上香油。

❿切成大片，码放在盘内，淋上少许原汁即可。

❀ 材 料 Cailiao

猪手5只

姜片25克

八角、茶叶各15克

大米100克，肉蔻、砂仁、白芷、桂皮各10克

丁香、小茴香各5克

精盐、味精、冰糖各3大匙，香油1大匙

～ 制作步骤 Zhizuo buzhou

❶八角、肉蔻、砂仁、白芷、桂皮、丁香、小茴香、姜片用布袋包好。

❷茶叶用热水浸泡至湿；冰糖砸成碎末，放在盘内。

❸猪手刮净绒毛，洗净，捞出沥水，从中间切成两半。

❹放入清水锅中烧沸，焯烫出血水，捞出，用清水冲净。

❺锅中加入清水烧沸，放入卤料包、精盐、味精、冰糖煮沸。

❻下入猪手，转小火浸卤50分钟，再关火焖20分钟，捞出。

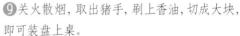

❽架上铁算子，放上猪手，盖严锅盖，用旺火烧至锅内冒出浓烟。

❾关火散烟，取出猪手，刷上香油，切成大块，即可装盘上桌。

❼取铁锅一只，先撒上一层大米，再撒入茶叶和少许冰糖。

香熏猪手

口味 熏香
时间 2小时

 卤制猪蹄时要先把卤料包和各种调味料烧煮出香味，再放入焯烫好的猪蹄，改用小火卤熟，关火后再浸泡一段时间，以使猪蹄更为清香入味。此外，猪蹄捞出后要擦净表面的水分，再放入熏锅内熏制，以保证上色均匀。

糖熏兔肉

口味 鲜香
时间 2小时

 兔肉，尤其是冷冻的兔肉，常带有一股腥膻气味，在制作菜肴前需要去除。而常用的去除腥膻气味的方法是把兔肉放入清水中浸泡，而浸泡的时间一般为4小时左右。

❀ 材 料 Cailiao

净兔半只
花椒、八角、山柰、
陈皮、肉桂、丁香、
小茴香各少许
姜片10克

精盐、白糖各3大匙

酱油1大匙

香油1小匙

❧ 制作步骤 Zhizuo buzhou

❶花椒、八角、山柰、陈皮、肉桂、丁香、小茴香、姜片用纱布包好。

❷锅中加入清水和调料包熬煮出味,加入酱油、精盐煮成酱汁。

❸兔子洗去血水,剁成3～4块,放入清水盆中浸泡,捞出。

❹锅中加入清水和兔肉块烧沸,焯烫一下,捞出,用冷水过凉。

❺净锅置火上,滗入熬煮好的酱汤汁烧煮至沸。

❻放入兔肉块,用小火煮约40分钟至熟烂,捞出。

❼熏锅上火烧热,撒入白糖,架上铁箅子。

❽再放上酱煮至熟的兔子块,盖严锅盖。

❾用旺火熏约4分钟,离火焖3分钟,取出兔肉块。

❿将兔肉表面刷上香油,再剁成小块,码盘上桌即成。

✤ 材 料 Cailiao

鸡腿1只

大葱25克，姜1块，小茴香5克

八角2粒，陈皮、草果、香叶各3克

肉蔻1克，精盐、味精各1小匙

白糖2小匙

酱油2大匙，老汤1000克

ᨐ 制作步骤 Zhizuo buzhou

❶大葱去根，洗净，切段；姜块去皮，拍松，放入纱布袋中。

❷再放入小茴香、肉蔻、八角、陈皮、草果、香叶包好成香料包。

❸锅置火上，放入白糖及少许清水，用小火熬至暗红色。

❹再加入500克清水烧沸，出锅倒在容器内晾凉成糖色。

❺鸡腿去掉绒毛和杂质，放入清水中浸泡并洗净，捞出沥水。

❻锅中加入清水，放入鸡腿烧沸，焯烫出血水，捞出冲净。

❼锅置火上，添入老汤，放入香料包烧沸，撇去浮沫和杂质。

❽加入炒好的糖色、酱油、精盐、味精煮沸，制成酱汤。

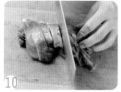

❾再放入鸡腿，用小火酱煮约15分钟至熟，然后关火闷约15分钟。

❿捞出酱好的鸡腿，晾凉后剁成条块，码放在盘内即可。

酱鸡腿

口味 咸香
时间 60分钟

 在煮制带骨鸡腿时不容易将中心也煮熟入味，家庭中除了可以先把带骨鸡腿剁成块外，也可用刀在鸡腿肉的表面划几刀，使肉与骨头稍微分离，这样就比较容易将里面的肉也煮熟入味了。

香糟猪肘

口味 糟香
时间 1天

猪肘含有丰富的胶原蛋白和胆固醇等营养素，配以有健脾、理气、化痰等功效的糟卤汁和花雕酒卤制成菜，有保健健脾、帮助排泄、补充营养、增强抵抗力的功效。剔去骨头的猪肘要先放入清水中煮至刚熟，再放入味汁内浸泡至入味，然后放入冰箱内保存。

✿ 材 料 Cailiao

猪前肘1个

香叶5克，丁香
3粒，八角2粒

葱1棵，姜1块

精盐5小匙，味精2小匙

冰糖、花雕酒各3大匙

白酒2大匙，糟卤汁100克

～ 制作步骤 Zhizuo buzhou

❶大葱择洗干净，切成小段；姜块去皮，洗净，拍散。

❷锅中加入适量清水，放入香叶、八角、丁香、葱段、姜块煮沸。

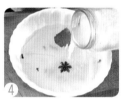

❸再加入精盐、味精、冰糖熬煮出香味，离火晾凉，捞出杂质。

❹倒入容器内，加入糟卤汁、花雕酒、白酒调拌均匀成糟味汁。

❺猪前肘刮去残毛，洗净，放入清水锅内焯烫一下，捞出沥水。

❻趁热剔去骨头，留下左右两块厚肉。

❼锅中加入清水烧沸，放入两块厚肉煮1小时至熟，捞出冲净。

❽糟味汁倒入容器内，放入猪肘子肉浸卤24小时。

❾食用时捞出，切成薄片，放在盘内，淋上少许糟卤汁即可。

✿ 材 料 Cailiao

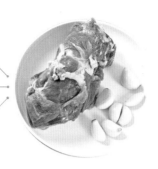

牛腱子500克

蒜瓣25克

料酒3大匙

生抽1小匙

辣椒油1/2小匙

花椒油、香油、植物油、卤水各适量

∾ 制作步骤 Zhizuo buzhou

❶蒜瓣去皮，洗净，放在小碗里，捣烂成蒜泥。

❷锅中加入植物油烧热，下入蒜泥炒出香味，出锅放入碗中。

❸牛腱子放入清水中浸泡以洗去血水，捞出沥水，切成大块。

❹锅中加入清水，放入牛腱子烧沸，焯烫一下，捞出冲凉。

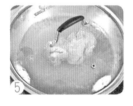

❺再放入汤锅中烧沸，用中小火煮约1小时，捞出沥干。

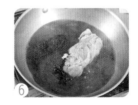

❻锅置火上，加入卤水、料酒烧沸，放入牛肉块。

❼用旺火煮约30分钟至牛肉熟烂，离火后浸泡30分钟至入味。

❽捞出牛肉块晾凉，逆纹路切成大片，码放在盘内。

❾生抽、香油、辣椒油、花椒油放入蒜泥碗中拌匀，制成味汁。

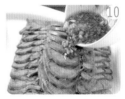

❿浇淋在切好的牛肉片上，上桌拌匀即可。

卤牛腱

口味 咸香
时间 2小时

卤牛腱是深受大众喜欢的风味菜肴，在制作上需要注意，清洗干净的牛腱子要先放入清水锅内煮1小时至七八分熟，捞出后再放入卤水锅内，用小火煮至熟烂，关火后浸泡入味。

烟熏脆耳

口味 熏香
时间 50分钟

猪耳要收拾干净，先放入清水锅内焯烫一下，再放入加有调料包和调味料的汤锅内煮熟，关火后浸泡入味，取出后需要擦净表面水分，再进行熏制，以免成品猪耳色泽不均匀。

❀ 材 料 Cailiao

猪耳朵750克

鲜姜15克，八角5克
肉蔻、砂仁、白芷、
桂皮、丁香、小
茴香各少许

精盐2小匙，白糖1大匙

味精、香油各1小匙

熏料1份（大米100克，
白糖15克，茶叶10克）

❧ 制作步骤 Zhizuo buzhou

❶鲜姜、八角、桂皮
分别洗净，拍碎，放入
干净的纱布袋中。

❷再放入肉蔻、砂仁、
白芷、丁香、小茴香包
裹好成香料包。

❸猪耳朵去毛，洗净，
放入清水锅中略焯，
捞出冲净。

❹锅中加入清水烧
沸，放入香料包、精
盐、味精、白糖煮沸。

❺再放入猪耳朵，用小火浸卤30分钟，关火后
浸泡至入味，捞出沥干。

❻取一铁锅，先均匀地撒上一层大米，再撒入
茶叶、白糖。

❼然后架上一个铁箅子，放上卤好的猪耳朵，
盖严锅盖。

❽置旺火上烧约3分钟至铁锅内冒出浓烟，关火
散烟。

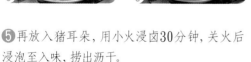

❾取出熏好的猪耳
朵，趁热在表面刷上
一层香油，晾凉。

❿食用时切成片（或
长条），码放在盘内
即可。

❀ 材 料 Cailiao

青虾1000克

胡萝卜50克

青椒、香菜、
芹菜各25克，珧
柱、干鱿鱼各5克

海米、葱段、姜片各10克

美极鲜酱油、海
味酱油各1小瓶

老抽、生抽、玫
瑰露酒各适量

〰 制作步骤 Zhizuo buzhou

❶青虾剪去虾须和额
箭，去掉虾脚，从背部
片开，去掉虾线。

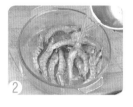

❷放在盆内，加入清
水和少许精盐拌匀，
浸泡并洗净。

❸青椒去蒂和籽；胡萝卜去皮，分别洗净，均切
成小片。

❹香菜、芹菜分别去根和叶，取嫩菜茎，洗净，
沥水，切成段。

❺干鱿鱼、海米、珧柱用清水浸泡至软，上屉用
旺火蒸熟，取出沥水。

❻鱿鱼切成碎末；珧柱撕成细丝；大的海米每
个切成两半。

❼锅置旺火上，加入适量清水烧沸，放入葱段、
姜片稍煮。

❽再放入青椒片、胡萝卜片、香菜段、芹菜段煮
10分钟至入味。

❾出锅滤除杂料成清
汤，再放入鱿鱼末、海
米和珧柱丝拌匀。

❿然后加入调料、青
虾，置冰箱中浸泡24
小时至入味，捞出青
虾，码盘上桌即可。

生卤青虾

口味 咸鲜
时间 1天

本菜因为使用生虾直接进行腌制，所以要选用鲜活的青虾，去掉杂质后要先放入淡盐水（或花椒盐水中）中浸泡并漂洗干净，再放入调制好的味汁内浸泡入味。

85

酱香大肠

口味 酱香
时间 90分钟

TIPS　猪肠的清洗、卤酱是制作酱香大肠的关键。收拾猪肠时要去除白色油脂和污物，也可以用米醋或淀粉揉搓并洗净。在焯烫猪肠时需要放入冷水锅内，让猪肠与清水同时升温，这样会使猪肠中异味随着水温的升高而逐渐散发出来。

✽ 材 料 Cailiao

猪大肠500克

小茴香10克，肉蔻5克

大葱2棵，姜1块

八角2粒，陈皮、草果、香叶各3克

精盐、味精各2小匙

白糖、酱油各5小匙，老汤1500克

～ 制作步骤 Zhizuo buzhou

❶猪大肠去净油脂和污物，洗涤整理干净。

❷放入清水锅中烧沸，焯烫一下，捞出沥干。

❸大葱去根，洗净，切成小段；姜块去皮，切成厚片，放入布袋中。

❹再加入小茴香、肉蔻、八角、陈皮、草果、香叶包好成香料包。

❺锅置火上烧热，放入白糖，加入少许清水，用手勺不停搅至溶化并呈暗红色。

❻再倒入500克清水煮沸，出锅倒在大碗里，晾凉后糖色。

❼净锅置火上，添入老汤，放入酱料包烧沸。

❽再加入糖色、酱油、精盐、味精熬煮15分钟成酱汤汁。

❾然后放入猪大肠烧沸，转小火酱约40分钟，关火后焖20分钟。

❿捞出酱煮好的猪大肠晾凉，切成小段，码盘上桌即可。

❉ 材 料 Cailiao

牛腱子肉750克

精盐2小匙

味精1小匙

白糖、料酒各5小匙

酱油2大匙

酱料包1个（葱2棵，姜1块，八角2粒，陈皮、香叶各3克）

➰ 制作步骤 Zhizuo buzhou

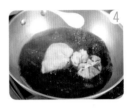

❶锅置火上烧热，放入白糖及少许清水，用小火熬至暗红色。

❷再加入500克清水煮沸，出锅倒入碗中晾凉成糖色。

❸净锅置火上，加入适量清水，放入酱料包，倒入糖色烧沸。

❹再加入酱油、精盐、味精、料酒煮沸，制成酱汤。

❺牛腱子肉去除筋膜，洗净，切成大块。

❽关火后闷制35分钟至牛腱子熟烂，捞出晾凉。

❾锅内汤汁凉透后放入牛腱子肉浸泡至入味，现吃现切即可。

❻放入清水锅内煮沸，焯烫一下以去除血水，捞出沥干。

❼汤锅置火上，加入酱汤，放入牛腱子肉，用小火酱约1小时。

家常酱牛腱

口味 咸香
时间 2小时

在酱制牛肉时应该使用热水，不可使用冷水。因为热水可以使牛肉表面蛋白质迅速凝固，防止肉中氨基酸流失，保持肉味鲜美。此外，在酱制过程中，水要一次性加足，如果发现水加少了，应添加热水，不宜加入冷水。

生熏带鱼

口味 咸鲜
时间 2小时

生熏是一种比较独特的烹调方法，是把经过充分腌渍后的食材，主要是水产类食材，如虾蟹、鱼类和贝类等，直接放入熏锅内，加入少许清水后直接熏制成熟即成。

❀ 材 料 Cailiao

带鱼500克

生菜100克

八角、胡椒、花椒、白糖各少许

大葱、姜片各5克

茶叶2小匙，料酒1小匙

植物油适量

〰 制作步骤 Zhizuo buzhou

❶生菜去根，取嫩生菜叶洗净，沥去水分，码放在盘内。

❷大葱去根和老叶，洗净，切成碎粒；姜片切成末。

❸带鱼去头和内脏，剁成5厘米大小的块，洗涤整理干净。

❹在带鱼两面剞上浅十字花刀，放入容器内。

❺再加入葱末、姜末、八角、花椒、胡椒、料酒拌匀，腌1小时。

❻净锅置火上烧热，放入茶叶、白糖略炒出香味。

❼锅内架上铁箅子，码放上腌渍好的带鱼块，加入少许清水。

❽盖严锅盖，用小火熏约10分钟，取出带鱼块。

❾净锅加入植物油烧至六成热，放入带鱼段炸至黄红色。

❿捞出沥油，码放在生菜叶上，上桌即可。

❋ 材 料 Cailiao

大海虾12只 •⟶

大葱50克 •⟶

花椒20粒 •⟶

⟵• 精盐、料酒各2小匙

⟵• 香油1大匙，植物油适量

熏料1份（大米100克，葱段、白糖各25克，茶叶10克）

〜 制作步骤 Zhizuo buzhou

❶ 茶叶放入杯内，加入适量沸水稍泡，滗去茶水，加入白糖拌匀。

❷ 大葱去根和老叶，洗净，先切成小段，再切成丝。

❸ 海虾去掉虾须和额剑，从背部剖开，去除沙线，冲洗干净。

❹ 放入碗中，加入精盐、料酒、葱段、花椒腌渍15分钟。

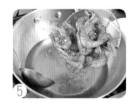

❺ 锅中加入植物油烧热，放入海虾炸至金黄色，捞出沥油。

❽ 盖严锅盖，用小火熏至大虾表面呈棕红色时，关火散烟。

❾ 取出海虾，在表面刷上香油，码放在盘内，即可上桌食用。

❻ 取一铁锅，先均匀地撒上一层大米，再撒入茶叶和白糖。

❼ 架上一个铁箅子，先铺上一层葱丝，再放上海虾。

香熏大海虾

口味 酥香
时间 50分钟

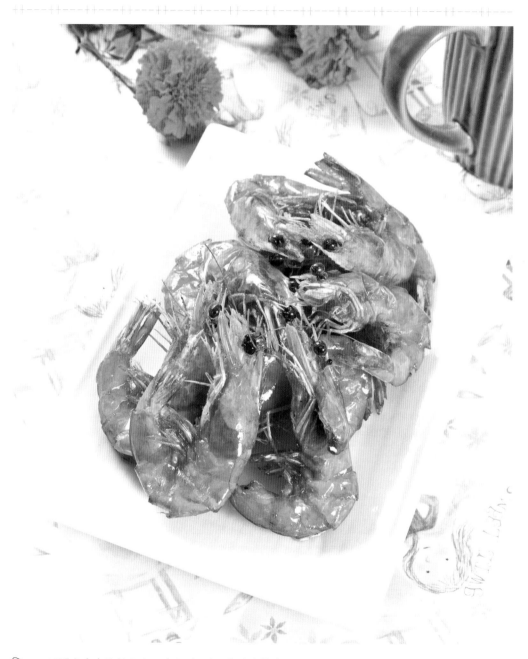

家庭在收拾和加工海虾时，除了需要去掉海虾的虾须外，还必须去掉虾线，其去除方法是用剪刀或厨刀从虾头处沿海虾脊背一直片开，再用牙签等挑出黑的虾线，放入淡盐水中清洗、浸泡片刻，捞出沥净水分即可。

盐卤虾爬子

口味 鲜咸
时间 12小时

虾蛄是虾爬子的学名，而我国各地关于虾爬子的俗称皆不同：如广东称"濑尿虾"，温州人叫它"蚕虾"；而虾爬子之名是因其爬行在滩涂上，会留下尾扇耙地的痕迹而得名。

❀ 材 料 Cailiao

活虾爬子500克

香菜15克，
鲜红辣椒1个

姜片、蒜片、
香葱各10克

味精、鸡精、胡椒
粉、植物油各1大匙

白糖4小匙，酱油3大
匙，高度白酒100克

卤料包1个（八角、
桂皮各10克，香叶5
克，葱1棵，姜1块）

❀ 制作步骤 Zhizuo buzhou

❶香菜、香葱择洗干净，切段；鲜红辣椒去蒂和籽，切成椒圈。

❷锅置火上，加入植物油烧热，下入姜片、蒜片炝锅出香味。

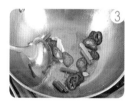

❸加入葱段、辣椒圈煸炒片刻，盛入碗中，放入香菜段拌匀。

❹虾爬子放入清水内，用刷子刷洗干净，捞出沥水，放入盘内。

❺取洁净纱布1块，用少许白酒浸湿，盖在虾爬子上。

❻坐锅点火，加入400克清水，放入卤料包烧沸。

❼加入酱油、味精、白糖、鸡精、胡椒粉煮5分钟。

❽关火晾凉，倒在干净容器内，加入白酒调匀成卤味汁。

❾放入虾爬子浸泡并卤约12小时，捞出虾爬子，码入盘内。

❿撒上红椒圈等配料，倒入少许浸泡虾爬子的卤汁即成。

✿ 材 料 Cailiao

活河蟹500克

香葱、香菜各15克

姜丝、蒜片、
红辣椒各10克

味精、鸡精、胡
椒粉各1大匙

白糖4小匙，酱油200
克，高度白酒100克
卤料包1个（八角、
桂皮各10克，香叶5
克，葱3段，姜2块）

～ 制作步骤 Zhizuo buzhou

❶香菜、香葱择洗干净，切成小段；红辣椒去蒂和籽，切成椒圈。

❷把香菜段、姜丝、蒜片、香葱段和椒圈全部放在小碗中。

❸锅中加入植物油烧至九成热，浇淋在小碗中烫出香味。

❹河蟹放入清水中，滴入几滴植物油，使河蟹吐净污物。

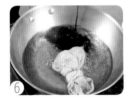

❺换水后再用刷子刷净河蟹身上泥沙，捞出，擦净表面水分。

❻锅中加入400克清水、卤料包、酱油和白糖烧煮几分钟。

❽将河蟹放入晾凉的卤汁中，用重物压实，浸卤24小时至入味。

❾捞出河蟹，码放在盘内，倒入醉卤汁，撒上烫好的小料即成。

❼关火后加入味精、鸡精、胡椒粉、白酒调匀，制成醉卤汁。

酒醉河蟹

口味 鲜香
时间 1天

河蟹要先放入清水盆内，加入几滴食用油，上用重物压上，浸养至河蟹吐净腹内污物，再换清水反复刷洗干净，擦净表面水分。熬煮好的醉卤汁要放在小坛或经过消毒的容器内，放入河蟹（醉卤汁要没过河蟹）后要将坛口密封卡紧，以防止酒气外溢，影响成菜的质量。

酱汁海螺

口味 咸鲜
时间 2.5小时

 海螺需要先刷洗干净，放入淡盐水中浸泡以去掉泥沙和杂质。除了可以上屉蒸制外，也可以直接把海螺放入清水锅内煮约5分钟至熟，取出后挑出海螺肉，去掉螺盖和肠肚等杂质，再片成大片，放入清水锅内快速焯烫一下，最后加入调味料拌匀并腌渍入味后上桌。

❀ 材 料 Cailiao

活海螺1000克

青椒、红椒各25克

味精、鸡精、胡椒
粉、白糖各1大匙

酱油200克

高度白酒3大匙

酱料包1个(葱1棵,
姜1块,八角、桂皮
各10克,香叶5克)

➰ 制作步骤 Zhizuo buzhou

❶大葱、姜块、八角、
桂皮和香叶用纱布包
裹好成香料包。

❷青椒、红椒分别去
蒂和籽,用清水洗净,
切成小菱形块。

❸海螺用刷子刷洗干
净,放入淡盐水中吐
净泥沙,捞出。

❹放入锅内,上屉用
旺火蒸10分钟至熟,
取出晾凉。

❺取出海螺肉,去掉
杂质,切成大片,入锅
焯水,捞出沥干。

❻锅置旺火上,加入
适量清水烧热,放入
香料包烧沸。

❼加入味精、酱油、
白糖、鸡精、胡椒粉煮
沸,关火晾凉成味汁。

❽把味汁倒入容器内,加入白酒,放入海螺肉
浸泡2小时。

❾取出海螺肉,码放在盘内,撒上青红椒块,
淋上原汁即可。

❋ 材 料 Cailiao

猪五花肉300克
卷心菜100克
香菜10克

卤汁500克
精盐、味精、胡椒粉各适量
淀粉、香油各少许

∽ 制作步骤 Zhizuo buzhou

❶卷心菜剥取嫩菜叶，用清水洗净，沥去水分，去除硬梗。

❷放入沸水锅中烫熟，捞出，再放入冷水中浸泡。

❸香菜去根和叶，洗净，放入热水锅中稍烫，捞出过凉，沥水。

❹猪五花肉剔去筋膜，洗净，擦净表面水分，剁成肉末。

❺放入碗中，加入精盐、味精、胡椒粉、香油、淀粉调匀成馅料。

❻把卷心菜叶放在案板上，涂抹上一层调好的馅料。

❽锅置火上，加入卤汁烧沸，下入卷心菜卷用小火卤煮至入味。

❾捞起菜卷，沥去水分，刷上少许香油，切成小段，装盘上桌即成。

❼从一侧将卷心菜叶卷起，用香菜嫩茎绑好成卷心菜卷。

卤菜卷

口味 咸鲜
时间 35分钟

 切好的卷心菜如果存放时间过长，其维生素C的含量会有所降低。所以，家庭在制作卷心菜卷时要现做现切，而且要去掉卷心菜表面的硬梗。焯烫卷心菜时，可以在清水锅内加入少许食用油，这样既可保持卷心菜的鲜脆特色，又可使其营养成分不被破坏。

Part 3
鲜香爽滑熘炒菜

　　炒菜又名小炒，是我国传统烹调技法之一，同时也是应用范围最大、分支较多的烹调技法。近年来，随着人们对营养健康的重视，过去偏重于炸、烹、烤等使用过多油脂的菜肴，也多被炒菜所替代。

　　炒菜以其制作简便、成熟快捷、选料广泛、成菜鲜嫩、滑脆干香等特色而深受人们的喜爱。炒菜的分类方法很多，按食材性质可分为生炒和熟炒；从技法上可分为煸炒、滑炒、软炒；从地方菜系又可分为清炒、抓炒、爆炒、水炒等。因为用于炒菜的食材种类较多，所以还可分为素炒、荤炒、荤素炒等。

家常炒菜的基本步骤

炒菜看似比较简单，其实也有很多必须掌握的步骤和窍门。我们家庭中如果要炒制出美味的菜肴，必须要了解炒菜从食材选择到制作成菜的各个环节，并且要掌握其中的基本技巧。当然，这里有些基础环节，如上浆、滑制等，并不是在所有的炒菜中都会遇到，但也是一些炒菜比较重要的步骤。

‹ 食材选配 ›

炒菜食材的选择非常广泛，而这种选择也是制作好炒菜的先决条件。炒菜选料可分为主料选择和配料选择。炒菜主料宜选新鲜、细嫩、无骨、无筋络、去皮去壳的动物性食材，如鸡肉、鱼肉、虾肉、畜肉中的里脊肉等；对于植物性食材，应选择新鲜、脆嫩、无虫蛀的一些蔬菜和菌类，如白菜、菠菜、四季豆、豇豆、茄子、茭白、香菇、冬笋、木耳等。这些食材具有新鲜、含水量少和无特殊气味的特点。而对于配料的选择，其应对整道小炒菜肴的色泽和口味有良好的辅助作用。因此，选料时应选那些新鲜、脆嫩、色泽鲜艳的食材。

‹ 刀工处理 ›

刀工处理技术的优劣也直接关系到炒菜的成败。一般而言，炒菜食材是以丝、条、块、段、粒为主，很少直接采用食材本身所具有的自然形状。炒菜的刀工处理要求以小、薄、细为主，丝要求切成0.4～0.5厘米粗，长度为7～10厘米；片一般要切成3.5厘米长，2.5厘米宽，0.3厘米厚；丁的大小则要根据食材的质地来确定，如含水量高的鱼肉、虾肉和鸡胸肉可稍大一些，而质地相对较老的畜肉则要求切得稍小一些。此外，在刀工处理食材时要注意，切好的食材规格应大致相同，以便受热均匀，成熟时间一致，切忌出现长短、大小不一，乃至食材出现连刀的现象。

上浆入味

炒菜食材的上浆可分为三个步骤，首先将切好的食材放入容器中，加入姜葱汁、精盐、料酒等拌匀并稍腌片刻，再沥干水分，加入鸡蛋(或鸡蛋清)调拌均匀，然后放入淀粉或水淀粉抓揉均匀使浆上劲，再使菜肴食材全部包裹起来即可。上浆时需要注意，由于小炒菜肴的食材一般比较细嫩，因此上浆时出手要轻，用力要小，但必须抓匀、抓透，既要防止断丝、破碎，又要使食材上劲，否则在滑油时就会出水、脱浆，严重影响成菜的质感。

《 滑制处理 》

滑制也是炒菜中的关键步骤。根据滑制介质的不同，可分为水滑和油滑两大类。水滑主要针对动物性食材，先将其切成片、丝等小型形状，再经码味上浆处理后，投入微沸的水中焯烫一下，取出即可。用水滑制作出来的菜肴口感特别细嫩，清爽而不油腻，但操作难度较油滑要大。油滑方法是将食材加工成丁、条、丝、片、粒等很小的形状，上浆后用中温油滑熟的一种加热技法。因为用油多、火力旺，所以速度快、受热均匀，效果较好。

《 翻炒成熟 》

炒制是炒菜中最后一个步骤，也是最为重要的一环。操作时要先将炒锅烧热，加入少许食用油，一般先用旺火烧热(但火力的大小和油温的高低要根据食材而定)，再根据食材的特点而依次下入炒锅中，用手勺(或铲子)快速翻拌均匀，然后加入调味料炒匀，待食材断生后，勾芡(或不勾芡)后出锅即可。

家常炒菜的基础常识

在我们翻阅菜谱书时，总是发现一些比较专业性的用语，如焯水、过油、汽蒸、走红、上浆、挂糊、勾芡、油温六成热、旺火、清汤、奶汤等。而这些相对专业的用语，对于成菜的色泽、口感、营养等方面都有重要的作用。

因此，家庭在制作菜肴时，也需要对这些用语加以了解，从而增加对这些烹调常识方面的认知，并且需要掌握，才能在制作菜肴时真正做到心中有数。

《 焯 水 》

焯水又称出水、冒水、飞水等，是指将经过初加工的烹饪食材，根据用途放入不同温度的水锅中，加热到半熟或全熟的状态，以备进一步切配成形或正式烹调的初步热处理。焯水可分为冷水锅焯水和沸水锅焯水两种方法。

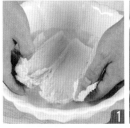

将食材用清水洗净。

放入沸水锅中焯烫。

冷水锅焯水是将食材与冷水同时入锅加热焯烫，主要适用于异味较重的动物性烹饪食材，如牛肉、羊肉、肠、肚、肺等；沸水锅焯水是将锅中的清水加热至沸腾，放入烹饪食材，加热至一定程度后捞出，主要适用于色泽鲜艳、质地脆嫩的植物性烹饪食材，如菠菜、芹菜等，但是焯好的蔬菜类食材要迅速用冷水过凉，以免变色。

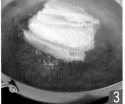

翻动并迅速烫好。

捞出后用冷水过凉。

《 挂 糊 》

挂糊，就是将经过初加工的烹饪食材，在烹制前用水淀粉或蛋泡糊及面粉等辅助材料挂上一层薄糊，使制成后的菜肴达到酥脆可口的一种技术性措施。

在此要说明的是，挂糊和上浆是有区别的，在烹调的具体过程中，浆是浆，糊是糊，上浆和挂糊是一个操作范畴的两个概念。

《 上 浆 》

上浆就是在经过刀工处理的食材上挂上一层薄浆，使菜肴达到滑嫩的一种技术措施。通过上浆食材可以保持嫩度，美化形态，保持和增加菜肴的营养成分，还可以保留菜肴的鲜美滋味。

《 走 红 》

走红又称酱锅、红锅，是一些动物性食材如家畜、家禽等，经过焯水、过油等初步加工后，实行上色、调味等进一步热加工的方法。走红不仅能使食材上色、定形、入味，还能去除有些食材的腥膻气味，缩短烹调时间。

榄菜四季豆

口味 咸脆
时间 15分钟

TIPS ▌▌▌橄榄菜是将青橄榄用植物油与精盐，经过特别工序熬制后再加入芥菜叶与香料调配而成。橄榄菜的色泽乌黑、味道咸鲜，滑润爽口，为日常居家的小菜美食，也是早餐、下酒的美味佳品。▌▌▌

❋ 材 料 Cailiao

四季豆800克

瓶装橄榄菜200克

尖椒25克

蒜瓣15克，料酒少许

精盐、味精各1小匙

香油1/2小匙，
植物油3大匙

❧ 制作步骤 Zhizuo buzhou

❶尖椒去蒂及籽，洗净，沥去水分，切成尖椒圈。

❷蒜瓣去皮，放在碗中捣烂成蓉；橄榄菜取出，放在盘内。

❸四季豆撕去豆筋，洗净，擦净表面水分，切成小段。

❹放入加有少许精盐的沸水锅中焯烫一下，捞出沥水。

❺锅中加入植物油烧至八成热，放入四季豆炒至九分熟，盛出。

❻锅内加入底油烧至六成热，下入蒜蓉煸炒出香味。

❼放入橄榄菜炒匀，再加入尖椒圈略炒，烹入料酒。

❽然后放入四季豆炒熟，加入精盐、味精，淋入香油，出锅装盘即成。

❀ 材 料 Cailiao

酸菜300克

猪瘦肉150克

大葱、姜块各10克

精盐、味精各1/2小匙

鸡精1小匙，水淀粉适量

花椒油、酱油各1大匙，
植物油2大匙，清汤少许

❧ 制作步骤 Zhizuo buzhou

❶大葱去根和老叶，洗净，切成丝；姜块去皮，洗净，切成丝。

❷猪瘦肉剔去筋膜，洗净，切成5厘米长的丝。

❸放入碗中，加入少许料酒、精盐、味精、水淀粉拌匀上浆。

❹酸菜切去菜根，洗净，先片成薄片，再切成细丝。

❺放入温水中浸泡20分钟，捞出，挤净水分。

❻锅置火上，加入植物油烧热，下入葱丝、姜丝炝锅。

❼再放入猪肉丝，用旺火翻炒至颜色变白。

❽然后加入清汤，下入酸菜丝，用中小火炒至熟透。

❾加入酱油、精盐、味精、鸡精翻炒至入味。

❿用水淀粉勾薄芡，淋入烧热的花椒油，出锅装盘即可。

肉丝炒酸菜

口味 咸酸
时间 30分钟

 ‖‖‖酸菜发酸是乳酸杆菌分解白菜中碳水化合物产生乳酸的结果。乳酸是一种有机酸，它被人体吸收后能增进食欲，可促进消化。因此，对食欲不振者，食用酸菜有很好的效果。‖‖‖

醋熘白菜

口味 酸辣
时间 20分钟

 ▊▊▊对于比较老的白菜帮，在制作上要把白菜帮里的淡黄或白色的硬筋从内侧抽出即可，再根据菜肴的需要加工成形制作菜肴，这样又好吃又节约原料，可做到物尽其用！▊▊▊

❀材 料 Cailiao

白菜500克

胡萝卜50克

姜片、干红辣椒各5克

精盐、味精各1/3小匙

白糖1/2大匙，淀粉适量，陈醋1大匙

花椒油1小匙，植物油2大匙

∾制作步骤 Zhizuo buzhou

❶胡萝卜去皮，洗净，擦净表面水分，切成象眼片。

❷放入加有少许精盐的沸水锅中焯烫一下，捞出沥水。

❸干红辣椒去蒂和籽，洗净，切成小段；姜片切成细丝。

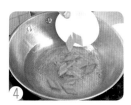

❹大白菜去根和白菜叶，取嫩白菜帮，洗净，沥水。

❺先顺长切成长条，再切成菱形大片。

❻然后放入沸水锅中焯透，捞出，用冷水冲凉，沥干水分。

❼锅置火上，加入植物油烧至六成热，下入姜丝、辣椒段炝锅。

❽再放入白菜片，用旺火翻炒均匀，然后放入胡萝卜片稍炒。

❾烹入白醋，加入白糖、精盐、味精炒熟至入味。

❿用水淀粉勾薄芡，淋入烧热的花椒油，出锅装盘即成。

✿ 材料 Cailiao

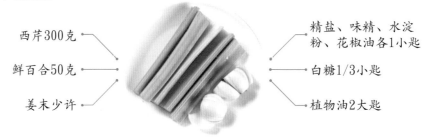

西芹300克
鲜百合50克
姜末少许

精盐、味精、水淀粉、花椒油各1小匙
白糖1/3小匙
植物油2大匙

～ 制作步骤 Zhizuo buzhou

❶西芹去根，用清水洗净，切成3厘米长的小段。

❷放入加有少许精盐的沸水锅中焯烫一下，捞出过凉，沥水。

❸鲜百合去掉黑根，洗净，瓣成小瓣，放入淡盐水中浸泡。

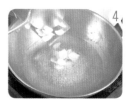

❹锅中倒入适量清水，加入少许精盐、味精、植物油烧沸。

❺放入百合瓣焯烫至熟透，捞出，用冷水过凉，沥去水分。

❻锅置旺火上，加入植物油烧至六成热，下入姜末炒出香味。

❼放入西芹段翻炒片刻，再放入百合瓣，用旺火炒拌均匀。

❽然后加入剩余的精盐、味精、白糖炒匀入味，用水淀粉勾薄芡。

❾最后淋入烧热的花椒油炒匀，出锅装盘即成。

西芹炒百合

口味 清鲜
时间 15分钟

TIPS 烹调实心芹菜,可切成丝或小段;而烹调空心芹菜最好不要切丝,只能切成小段,否则在烹调时芹菜会从中断裂,翻卷不成形,影响菜肴美观。在制作菜肴前可把芹菜放入沸水锅内焯一下,捞出后用冷水过凉,再加工成菜肴。此方法即可使芹菜颜色翠绿,还可以减少炒菜的时间。

虾干炒油菜

口味 鲜香
时间 25分钟

‖‖‖家庭在制作油菜菜肴时需要注意，洗净并切成小段的油菜，在切好后尽可能立即入锅，并用旺火爆炒成熟，这样既可保持油菜鲜脆，又可使其营养成分不被破坏。‖‖‖

❀ 材 料 Cailiao

油菜300克

大虾干25克

水发香菇、
冬笋各20克

葱段、姜片各10克

葱丝5克，姜丝3克，
精盐1小匙，味精少许

料酒2小匙，香油1/2
小匙，植物油2大匙

❧ 制作步骤 Zhizuo buzhou

❶油菜去根和老叶，
洗净，切成3厘米长的
小段。

❷冬笋削去外皮，洗
净，切成3厘米长，2厘
米宽的片。

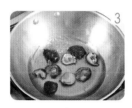

❸香菇洗净，切成片，
放入沸水锅中略焯，捞
出冲凉，沥干水分。

❹大虾干洗净，放入
碗中，放入葱段、姜片
和少许料酒调匀。

❺放入蒸锅内，用旺
火蒸5分钟，取出虾
干，原汁过滤。

❻锅置火上，加入植
物油烧至五成热，下入
葱丝、姜丝炒香。

❼烹入料酒，放入大
虾干和蒸虾干的原汁
略炒片刻。

❽再放入冬笋片、香
菇片，用旺火快速煸炒
均匀。

❾然后放入油菜心稍
炒片刻，加入精盐、味
精炒至断生。

❿淋入香油翻炒均
匀，即可出锅装盘。

❋ 材 料 Cailiao

空心菜500克

猪瘦肉150克

大葱、姜片、
蒜瓣各5克

精盐、味精、鸡精、
白糖各1/2小匙

料酒、水淀粉各1小匙

植物油100克

〜 制作步骤 Zhizuo buzhou

❶空心菜去根，洗净，捞出沥水，切成4厘米长的小段。

❷放入沸水锅中焯烫一下，捞出过凉，沥净水分。

❸大葱、姜片分别洗净，均切成细丝；蒜瓣去皮，切成小片。

❹猪瘦肉剔去筋膜，洗净，沥水，切成5厘米长的细丝。

❺放入碗中，加入少许精盐、味精、水淀粉抓匀上浆。

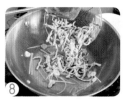
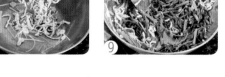

❻锅中加入植物油烧热，下入肉丝滑散、滑透，捞出沥油。

❽烹入料酒，加入猪肉丝、精盐、味精、白糖、鸡精略炒。

❾再放入空心菜，用旺火快速翻炒均匀，出锅装盘即成。

❼锅留少许底油烧热，下入葱丝、姜丝、蒜片炒香。

肉丝炒空心菜

口味 鲜爽
时间 25分钟

 空心菜在制作菜肴时,其遇热容易变黄、变色,影响成菜的美观。因此,家庭在烹调空心菜时,除了可以先用沸水焯烫一下,迅速捞出,用冷水过凉后再炒制成菜外,也可以先把净锅置火上烧热,直接放入空心菜用旺火快速爆炒至熟,不用等空心菜的叶片变软即可迅速离火。

菠萝咕噜肉

口味 酸甜
时间 20分钟

新鲜的菠萝在入菜前，最好用淡盐水浸泡20分钟，以破坏菠萝中含有的菠萝酶。五花肉块过油的温度很重要。炸肉块时要待锅中的油烧热后才可放入肉块，热油可把肉块外层包裹的淀粉糊收紧而不脱落。

✿ 材 料 Cailiao

猪五花肉300克

胡萝卜、鲜
菠萝各50克

蒜末、精盐、味精、
胡椒粉、香油各少许

淀粉、水淀粉、辣
酱油、植物油各适量

料酒1大匙，白糖3大匙

番茄酱2大匙，米醋2小匙

〰 制作步骤 Zhizuo buzhou

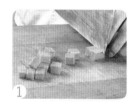

❶胡萝卜去皮，洗净，
切成小块，放入沸水锅
内焯水，捞出过凉。

❷鲜菠萝去皮取果
肉，切成2厘米大小的
块，用淡盐水浸泡。

❸辣酱油、料酒、番茄酱、精盐、白糖、米醋放
入碗中调匀。

❹猪五花肉剔去筋膜，洗净，沥去水分，切成2
厘米见方的块。

❺放入碗中，加入少
许料酒、精盐、味精、
胡椒粉、香油拌匀。

❻再加入水淀粉抓拌
均匀，然后裹匀淀粉，
捏成肉团。

❼锅中加入植物油烧
至七成热，放入五花
肉块炸至金黄色，捞出
沥油。

❾再放入胡萝卜块、菠萝块，倒入芡汁炒至浓
稠，用水淀粉勾芡。

❿待味汁起泡，快速倒入五花肉块翻炒均匀，
淋入香油，出锅装盘即可。

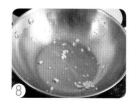

❽锅留底油烧至六成
热，先下入蒜末煸炒出
香味。

材料 Cailiao

豆角200克

猪肉100克

水发木耳50
克，鸡蛋1个

葱末、姜末各10克

精盐3小匙，味精
1小匙，高汤2大匙

酱油、料酒、水淀粉
各1/2匙，植物油3大匙

制作步骤 Zhizuo buzhou

 ❶猪肉剔去筋膜，洗净，先切成薄片，再切成丝。

 ❷放入碗中，加入少许料酒、精盐调拌均匀。

 ❸水发木耳去蒂，洗净，撕成小块；鸡蛋磕入碗内打散。

 ❹豆角撕去豆筋，洗净，放入沸水锅中焯烫至透。

 ❺捞出，放入凉水中过凉，沥干水分，切成细丝。

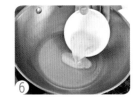 ❻锅中加入植物油烧热，放入打散的鸡蛋液炒熟，盛出。

 ❼锅中加入少许底油烧热，先下入葱末、姜末炝锅。

 ❽烹入料酒，放入猪肉丝，用旺火翻炒至变色，加入酱油稍炒。

 ❾再放入炒熟的鸡蛋块、木耳块和豆角丝翻炒均匀。

 ❿加入高汤、味精、精盐烧沸，用水淀粉勾芡，出锅装盘即成。

豆角丝炒肉

口味 清香
时间 15分钟

 豆角含有一种有毒的溶血素，必须在高温下才能被破坏，如加热不够，食用后会发生恶心、头晕、腹痛等中毒症状，因此，在烹调豆角时，一定要先焯水处理，再炒透入味。

韭黄炒鸡蛋

口味 鲜香
时间 15分钟

鸡蛋液要先加入精盐等调拌均匀，再放入热油锅内炒至凝固即可，注意不要炒老。韭黄要切成长短一致的小段，放入热油锅内快速翻炒至熟，时间不宜长。

❀ 材 料 Cailiao

韭黄200克
鸡蛋3个
香葱15克

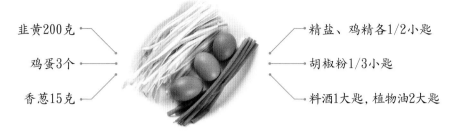

精盐、鸡精各1/2小匙
胡椒粉1/3小匙
料酒1大匙，植物油2大匙

❀ 制作步骤 Zhizuo buzhou

❶鸡蛋磕入碗中搅散，加入少许精盐、胡椒粉调匀成蛋液。

❷香葱去根，洗净，切成碎粒，放入鸡蛋液中调匀。

❸将韭黄择洗干净，捞出，沥净水分。

❹放在案板上，切成3厘米长的小段。

❺锅中加入植物油烧热，倒入鸡蛋液炒至八分熟，盛出。

❻锅中加入植物油烧至七成热，放入韭黄段煸炒片刻。

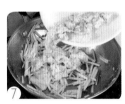

❼烹入料酒，再放入炒好的鸡蛋，用旺火快速翻炒均匀。

❽然后加入少许精盐、鸡精、胡椒粉快速炒匀，出锅装盘即可。

✿ 材 料 Cailiao

猪五花肉100克

冬笋50克，
青蒜苗25克

木耳5克，鸡蛋2个

葱丝、姜丝各10克

精盐、味精各少许，
酱油、甜面酱各2大匙

料酒、花椒油各2小
匙，植物油适量

∾ 制作步骤 Zhizuo buzhou

❶猪五花肉剔去筋膜，洗净，沥去水分，切成5厘米长的细丝。

❷放入碗中，加入少许精盐、酱油、植物油拌匀，腌渍入味。

❸木耳用清水浸泡至软，去掉根蒂，洗净，切成粗丝。

❹冬笋切成细丝，放入沸水锅内焯烫一下，捞出过凉，沥水。

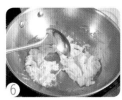

❺青蒜苗择洗干净，切成段；鸡蛋磕入碗中，加入少许精盐搅匀。

❻锅中加入2大匙植物油烧至九成热，倒入鸡蛋液炒熟，盛出。

❼锅中加入少许植物油烧热，放入猪肉丝煸炒至变色且熟。

❽下入葱丝、姜丝炒香，放入甜面酱炒散，再加入酱油、料酒。

❾然后放入木耳丝、冬笋丝、鸡蛋和适量清水，用旺火炒匀入味。

❿加入味精，撒入蒜苗段炒匀，淋上烧热的花椒油，装盘即成。

木樨肉

口味 咸鲜

时间 15分钟

 木樨肉因地域不同,有不同的做法。除了以木耳、鸡蛋和肉丝为主料外,北京木樨肉还加入了金针菜和黄瓜;山东木樨肉加入了冬笋和韭黄;东北木樨肉加入了冬笋和胡萝卜。

红椒炒花腩

口味 咸香
时间 20分钟

‖‖‖‖在食用带皮猪五花肉时应注意，猪五花肉一定要煮熟烧透。因为五花肉中有时会有寄生虫，如果不煮熟烧透就食用，可能会在肝脏或脑部寄生有钩绦虫，对人体造成伤害。‖‖‖‖

✽ 材 料 Cailiao

红椒250克

猪五花肉150克

冬笋25克，木耳3朵

精盐、味精、白糖、香油各1/2小匙

酱油1/2大匙，料酒1大匙

植物油适量

～ 制作步骤 Zhizuo buzhou

❶红椒洗净，去蒂及籽，切成菱形小块。

❷木耳用温水泡软，去蒂、洗净，撕成小块；冬笋切成菱形片。

❸将木耳和笋片放入沸水锅中焯烫一下，捞出，沥净水分。

❹猪五花肉洗净，擦净表面水分，切成小片。

❺放入碗中，加入酱油、少许料酒拌匀，腌10分钟。

❻锅中加油烧至七成热，放入猪肉片炸至熟透，捞出沥油。

❼锅留底油烧热，先下入红椒片煸炒片刻出香味。

❾然后加入精盐、味精、料酒、白糖炒至入味。

❿最后淋入香油翻炒均匀，出锅装盘即可。

❽再放入五花肉片、冬笋片和木耳块翻炒均匀。

✿ 材 料 Cailiao

青椒200克

猪里脊肉150克

冬笋25克

精盐、白糖各1小匙

料酒、酱油各少许

植物油2大匙

∽ 制作步骤 Zhizuo buzhou

❶青椒去蒂、去籽，洗净，沥去水分，切成细丝。

❷冬笋去根，洗净，先切成薄片，再切成细丝。

❸放入沸水锅中焯烫一下，捞出过凉，沥净水分。

❹猪里脊肉剔去筋膜，洗净，切成5厘米长的丝。

❺锅中加入清水烧沸，放入里脊肉丝快速焯水，捞出沥水。

❽锅置火上烧热，加入植物油烧热，下入青椒丝、冬笋丝略炒。

❾再加入精盐炒匀，放入里脊肉丝翻炒均匀，出锅装盘即成。

❻锅置旺火上，加入少许植物油烧热，放入猪肉丝煸炒至熟。

❼再加入酱油、料酒、白糖调好口味，出锅盛入小碗中。

青椒炒肉丝

口味 清鲜
时间 15分钟

 ▌▌▌青椒炒制时宜用旺火,以保持青椒清脆的口感和完好的营养价值。此外,在切比较辣的青椒时,可先将刀在冷水中蘸一下,再切青椒就不会辣眼睛了。猪里脊肉要顺肉的纹路切成长短一致的细丝,再放入热油锅内熘炒至熟,时间不宜过长,以免猪肉丝老韧,影响成菜的口感。▌▌▌

回锅肉

口味 香辣
时间 60分钟

 ‖‖‖回锅肉炒制的过程，火候的运用十分讲究。油不要过多，只要能炒散不粘锅就好；油温不要过热，肉片在温火少油的状况下炒制，脂肪会在油温的作用下融化溢出，这一过程称为吐油，可使成菜油腻程度下降。‖‖‖

❁ 材 料 Cailiao

带皮猪腿肉400克
青蒜苗50克
木耳5克

葱片、精盐、味精各少许
郫县豆瓣、料酒、
酱油各1大匙
白糖1/2大匙，植物油适量

～ 制作步骤 Zhizuo buzhou

❶郫县豆瓣剁碎；木
耳泡软，去蒂，洗净，
撕成小块。

❷青蒜苗择洗干净，
沥去水分，切成小段。

❸猪腿肉刮洗干净，
放入汤锅内煮至肉
熟、皮软为度。

❹捞出晾凉，切成6厘
米长，4厘米宽，0.2厘
米厚的片。

❺锅中加入植物油烧
至六成热，放入猪肉
片滑散、滑透，捞出。

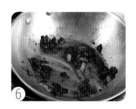

❻锅留底油烧热，下入
葱片、郫县豆瓣炒出香
辣味。

❼烹入料酒，放入肉
片炒至上色，加入白
糖、酱油、精盐炒匀。

❽再放入木耳块、青蒜苗段，用旺火翻炒至蒜
苗断生。

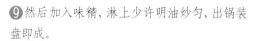

❾然后加入味精，淋上少许明油炒匀，出锅装
盘即成。

✿ 材 料 Cailiao

鸡胸肉250克 ●———
西蓝花100克 ●———
胡萝卜50克 ●———

———● 蒜末、鸡精、白糖各少许
———● 淀粉、酱油、香油各适量
———● 植物油2大匙

∿ 制作步骤 Zhizuo buzhou

❶西蓝花洗净,掰成小朵;胡萝卜去皮,洗净,切成薄片。

❷锅中加入清水烧沸,放入西蓝花、胡萝卜片焯烫一下。

❸快速捞出,放入冷水盆内过凉,捞出沥水。

❹鸡胸肉剔去筋膜,洗净,擦净水分,切成1.5厘米的块。

❺放入碗中,加入少许酱油、白糖、淀粉拌匀上浆。

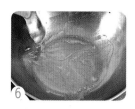

❻锅中加入植物油烧至三成热,撒上少许精盐翻炒一下。

❼待油温升至七成热时,下入鸡肉块、蒜末翻炒均匀。

❽再放入西蓝花和胡萝卜片稍炒一下。

❾然后加入精盐、白糖、酱油、鸡精翻炒至均匀入味。

❿最后淋入香油翻炒均匀,出锅装盘即成。

西蓝花炒鸡块

口味 鲜香
时间 25分钟

 ▮▮▮在制作西蓝花菜肴时,常常要把收拾干净的西蓝花放入沸水锅内焯烫一下。但要注意的是,在焯烫西蓝花时,时间不宜过长,否则西蓝花失去脆感,制作而成的菜肴也会大打折扣。▮▮▮

南瓜炒百合

口味 甜香
时间 20分钟

清洗百合时,可以把百合瓣放入淡盐水中浸泡20分钟,捞出后再放入沸水锅内焯烫一下,以保证百合脆嫩的口感。炒制时需要先把锅烧热,加入植物油和葱姜末煸炒出香味(不要炒煳),再放入百合、南瓜片和青红椒快速翻炒均匀,出锅前淋入烧热的香油或花椒油炒匀即可。

❋材料 Cailiao

南瓜500克
百合100克
青椒、红椒各10克

葱末、姜末各5克
精盐、味精各1/2小匙
香油1小匙,水淀粉、植物油各1大匙

❧制作步骤 Zhizuo buzhou

❶百合去黑根,放入清水中浸泡,洗净,捞出沥水,瓣成小瓣。

❷青椒、红椒分别去蒂、去籽,洗净,沥水,切成菱形小片。

❸把百合瓣、青椒和红椒片放入沸水锅中焯烫一下,捞出沥水。

❹南瓜去掉外皮,挖去瓜瓤,洗净,切成长方片。

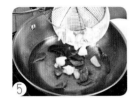

❺放入沸水锅中焯烫至熟,捞出,用冷水过凉,沥去水分。

❻锅置火上,加入植物油烧至五成热,下入葱末、姜末炒香。

❼再放入百合瓣、青椒片、红椒片、南瓜片翻炒均匀。

❽然后加入精盐、味精炒匀入味,用水淀粉勾薄芡。

❾淋上烧热的香油炒匀,出锅装盘即成。

❀ 材 料 Cailiao

西蓝花500克
蒜瓣50克
红尖椒1个

味精、鸡精各1小匙
精盐、香油、植物油各1大匙
水淀粉适量

∾ 制作步骤 Zhizuo buzhou

❶蒜瓣剥去外皮，洗净，沥去水分，用刀剁成细蓉。

❷红尖椒去蒂和籽，洗净，沥净水分，切成小菱形片。

❸西蓝花去蒂，洗净，瓣成小朵，在根部剞上十字花刀。

❹放入加有少许植物油和精盐的沸水锅中焯烫至熟，捞出。

❺取一圆碗，把西蓝花花瓣朝外码放在碗内，翻扣在盘内。

❻锅置火上，加入适量植物油烧至七成热，下入蒜蓉炒出香味。

❼放入红尖椒片炒匀，加入清汤、精盐、味精、鸡精调好口味。

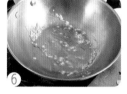

❽用水淀粉勾薄芡，淋入香油，出锅浇淋在西蓝花上即成。

蒜蓉西蓝花

口味 蒜香
时间 20分钟

 ▐▐▐因为常吃西蓝花有爽喉、开音、润肺、止咳的食疗保健功效。因此，西蓝花又有"天赐的良药"和"穷人的医生"等美誉。西蓝花除了花瓣可以制作成菜肴食用外，其新鲜的绿叶也可以加工食用，方法是将西蓝花的绿叶用清水洗净，撕成小片，和其他原料和调味料等一起炒制成菜。▐▐▐

西芹百合炒螺片

口味 鲜香
时间 20分钟

 收拾海螺时需要先取净海螺肉，加上精盐等揉搓以去掉污物，切成片后放入沸水锅内快速焯烫一下，立即捞出，焯烫时间不宜长，以免海螺肉质老韧。

✿ 材料 Cailiao

西芹200克
大海螺1个
鲜百合50克

姜片10克
精盐、花椒油各1小匙
料酒、水淀粉各1大匙，植物油2大匙

❧ 制作步骤 Zhizuo buzhou

❶西芹去根，刮去老皮，用清水洗净，切成菱形片。

❷鲜百合去蒂，掰成瓣，放入清水中浸泡，洗净，取出沥水。

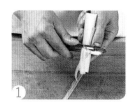

❸大海螺敲碎外壳，取出螺肉，除去头盖和杂质，放入碗中。

❹加入少许精盐拌匀，揉搓后去除黏液，再换清水洗净。

❺切成薄片，放入沸水锅中焯烫一下，捞出沥水。

❻西芹、百合放入沸水锅中，加入少许精盐略焯，捞出沥水。

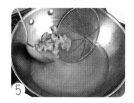

❼净锅置火上，加入植物油烧至五成热，下入姜片炒香。

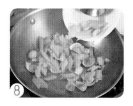

❽再放入西芹片、百合瓣翻炒均匀。

❾烹入料酒，加入精盐，放入海螺片快速翻炒均匀。

❿用水淀粉勾薄芡，淋入烧热的花椒油，出锅装盘即成。

Part 4
外酥里嫩煎炸菜

　　"煎炒烹炸"，第一个就是"煎"，可见其在所有烹饪技法中的重要性。煎是将原料先经过初步加工成形后，把扁平状原料平铺入锅，加少量油用中小火加热，先煎一面，再把原料翻个面煎，也可以两面反复交替煎，油量以不浸没原料为宜，待两面煎至呈金黄色且酥脆时，调味或不调味，出锅即可的一种烹调方法。

　　炸是以多量食油用旺火加热使原料成熟的烹调方法。炸的原料要求油量较多，油温高低视所炸的食物而定，一般采用温油、热油、烈油等多种油温。用这种方法加热的原料，大部分要间炸两次。另外，炸的原料加热前一般须要调味或加热后带调味品 (如椒盐、番茄酱、辣酱油等) 一起上桌。

煎的种类

煎菜具有色泽金黄、香脆酥松、软香嫩滑、原汁原味、不油腻、诱人食欲等特点，最为常见的有干煎、软煎、湿煎、南煎、蛋煎等。

‹ 干 煎 ›

干煎是一种比较常用的煎制菜肴方法。将加工成形的原料腌渍后不上粉浆，或者将原料切成段或扁平的片，再直接放入油锅内煎至成熟的一种方法。干煎时要用小火，防止外焦内生。用此方法可作干煎黄鱼、干煎大虾、干煎鸡饼、干煎鸽脯、干煎带鱼段等菜肴。

‹ 软 煎 ›

又称煎烧、煎焖等，是将不带骨的肉类原料或豆制品，用刀片成片或块，加入调味料腌制后，粘上面粉、蛋糊或面包渣等，再放入锅内煎至成熟，或者再烹入调味汁成菜的一种烹制方法。用此方法可作软煎凤脯、合川肉片、软煎鸭胸肉、软煎蟹盒、软煎茄夹等菜肴。

‹ 湿 煎 ›

又称煎烹，是把原料进行初步刀工处理成形，加入调料底味用淀粉上浆或拍上干淀粉，用中火定形，再用小火煎熟，以适合的调味汁收汁入味的烹调方法。湿煎菜肴既有煎的焦香，又有烹煮的风味。用此方法可作茄汁煎凤片、奶油煎鸭肉、湿煎银雪鱼、煎烹土豆片、煎烹大虾等菜肴。

‹ 南 煎 ›

又称煎烧，因南方多用此法烹制菜肴故名。先把主料剁成蓉，加入调味料搅匀后挤成丸子，放入锅内煎至成熟，再加入调味料和辅料等，烧制酥烂成菜。用此方法可作南煎鱼丸、南煎凤脯、煎烧豆腐、煎烧鲜虾饼、南煎土豆饼、煎烧薯饼等菜肴。

‹ 蛋 煎 ›

将原料加工成较小的形状，放入鸡蛋液内，加上调味料拌匀，放锅内煎至成熟的一种烹调方法。用此方法可作蛋煎银鱼、蛋煎鸡肉、蛋煎鳜鱼肉、蛋煎春笋、蛋煎黄花菜、煎芙蓉蛋、蛋煎番茄等菜肴。

煎蛋小窍门

煎鸡蛋是家庭常用的方法之一，有时候因为操作上的失误，煎出来的鸡蛋有时候不成形，而有时候又过于老韧，影响成品的口感。要想煎出完整嫩滑的鸡蛋需要注意，煎锅放火上先烧热，再倒入适量的油，待锅内油温升至五成热左右时，将鸡蛋打入后在其处于半凝固状态时，洒几滴热水在鸡蛋的周围和面上。这样煎出来的鸡蛋，色泽白亮，口感嫩滑。

炸菜种类

炸不仅是一种烹调方法,也是其他多种烹调方法的基础,有些烹调方法,如烹、熘等都需要经过炸这一过程,而炸的质量优劣,对菜肴的形状、色泽、口味以及质地等影响很大,炸是烹调加热的第一步,是决定菜肴成败的头道工序,因此炸也是多种烹调方法的基础。

炸菜的种类有很多,其一般又可分为软炸、生炸、干炸、蛋白炸、板炸、酥熟炸、香脆炸、包炸、焦炸等。

《 软 炸 》

是将质嫩和形状较小的原料用调味品腌渍入味后,挂匀鸡蛋糊或面粉糊,放入油锅中炸至外皮松脆、内部软嫩的方法。软炸的菜肴比生炸、干炸的菜肴质地软嫩,色泽金黄。用此方法可作软炸鸡条、软炸里脊、软炸田鸡、软炸牛肉条、软炸虾仁、软炸大虾、软炸铁雀、软炸猪肝、软炸鲜贝等菜肴。

《 干 炸 》

将原料经过刀工处理后,加入调味料拌匀,再放入水淀粉中上浆,用旺火热油炸至成熟的一种烹调方法。用此方法可作干炸鱼片、干炸银鱼、干炸鲫鱼、干炸牛肉条、干炸排骨、干炸椒盐鳜鱼、干炸铁雀等菜肴。

干炸与软炸近似,但干炸的原料要先加入酱油腌渍。酱油少了炸出的菜肴无色,多则发黑,色泽以枣红色为宜。

《 蛋白炸 》

又称高丽炸、松炸等,是将去骨(或无骨)的小形原料用调味品腌渍后,挂匀蛋白泡糊,用慢火温油炸至外表金黄、内部软嫩成熟的一种炸法。用此方法可作高丽凤尾大虾、蛋白鱼条、高丽虾仁、蛋白鱼条黄瓜、拔丝蛋白荔枝、蛋白鸡腰、高丽凤脯、高丽苹果、高丽目鱼条等菜肴。

《 生 炸 》

又称净炸或清炸,是将原料经刀工处理后,不挂糊,不上浆,只用调味品腌渍后,直接放入热油锅里,用旺火炸熟的方法。用此方法可作生炸刀鱼、生炸金蝉、生炸蝎子、生炸薯条、生炸脆薯片、生炸鸡肝、生炸鹅胗等菜肴。

《 板 炸 》

又称西法炸、炸板,是将原料用调味品腌渍后,拍上面粉,挂上鸡蛋液,再粘匀面包渣,放入油锅里炸至酥脆的烹调方法。用此方法可作板炸里脊、板炸虾仁、炸板鱿鱼、炸板大虾、板炸牛里脊、板炸鲜贝、板炸鱼排、炸板鹌鹑蛋等菜肴。

煎炸菜常用复合味型

复合味型就是由两种及以上的基本味混合而成的滋味,除了增加和改变菜肴的口味外,还可使菜肴色泽鲜艳美观。调味的方法千变万化,使用单一的调味品,往往不能满足人们的需要,因而自己动手加工一些常用的复合味汁,以适应菜肴不同的口味要求,非常有益。

《 番茄味汁 》

番茄味汁甜酸适口,适宜与其他复合味配合,佐酒下饭,四季皆宜。常见菜肴有茄汁煎鱼条、茄汁煎大虾、炸茄汁里脊、茄汁排骨等。其制作方法是:

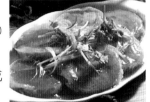

原料: 精盐2克,番茄酱40克,葱姜末、味精各少许,料酒10克,白糖15克,香油5克。

制法: 先把盐、番茄酱、葱姜末、料酒、白糖、味精等调成汁,放锅内炒熟,倒入炸好或煎好的原料裹匀,淋入香油即可。

《 酸甜味汁 》

酸甜味汁一般适用于炸、烹、烧类菜肴,以禽、畜肉类为主,常见菜品有酸甜煎鱼条、酸甜羊肉片、酸香莴笋片等。其制作方法是:

原料: 葱末、姜末、精盐、味精各2克,米醋40克,料酒15克,白糖25克,香油5克。

制法: 锅中加入少许油烧热,下入葱姜末炒香,加入精盐、米醋、白糖和料酒烧沸,再加入味精和香油,出锅淋在炸好或煎好的原料上即可。

《 柠檬味汁 》

柠檬味汁以烹调肉类热菜为主,常见菜肴有煎柠檬鸡、柠汁里脊、西柠鱼排等。

其制作方法是: 原料: 柠檬4个,精盐3克,白醋40克,白糖50克,料酒10克。

制法: 将柠檬榨取柠檬汁,放入碗中,加入精盐、白醋、白糖和料酒调拌均匀,再放入锅内煮沸即可。

《 果味茄汁 》

果味茄汁色泽红亮,口味酸甜鲜香,可直接作为味碟蘸食,或作为煎炸菜的调味品,菜品有果味炸茄饼、香茄鱼条、果味茄汁虾等。其制作方法是:

原料: 番茄酱、果酱各50克,白醋、白糖各25克,白酱油15克。

制法: 番茄酱入锅煸炒片刻,加入白醋、白酱油、果酱、白糖和适量清水炒至浓稠即成。

《 草莓味汁 》

草莓味汁可作为蘸料直接食用,或用于荤素炸菜或煎菜的调味品,常见菜肴有草莓煎鲜虾、炸草莓山药条等。

其制作方法是: 原料: 鲜草莓或草莓酱、白糖、白醋各100克,麦芽糖5克。

制法: 草莓搅拌成酱,加白糖、白醋和麦芽糖调匀即可。

鲜蔬天妇罗

口味 酸香
时间 20分钟

 ▍▍▍▍天妇罗不是某个具体菜肴的名称，而是对油炸食品的总称。而具体的种类则有蔬菜天妇罗、海鲜天妇罗，什锦天妇罗等。天妇罗的烹制法中最为关键的是面糊的制作。天妇罗以鸡蛋面糊为最多，调好的面糊又被称为天妇罗衣。▍▍▍▍

❀ 材 料 Cailiao

西红柿、茄子、百合
瓣、四角豆各适量

鸡蛋清1个

精盐、鸡精、
白糖各1小匙

鹰粟粉、牛肉清汤
粉、番茄酱各2小匙

果醋、果汁、水淀
粉、白醋各少许

植物油适量

❧ 制作步骤 Zhizuo buzhou

❶鸡蛋清放入碗中，加入少许精盐拌匀，再加入少许凉水调匀。

❷然后加入白醋、鹰粟粉搅匀成浓糊，淋入少许植物油搅匀。

❸西红柿去蒂，洗净，沥去水分，切成0.5厘米厚的片。

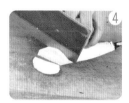

❹茄子去皮，切成半圆片，放入淡盐水中浸泡几分钟，捞出沥水。

❺四角豆择洗干净，切菱形块；百合去根，洗净，瓣成小瓣。

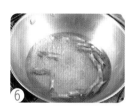

❻锅中加入清水烧沸，分别放入四角豆、百合瓣焯烫一下，捞出沥水。

❼锅中加入植物油烧至七成热，把四种蔬菜先用鸡精、鹰粟粉调匀。

❽再裹上调好的浓糊，入油锅内炸至色泽金黄、熟透时，捞出沥油。

❾锅中加入番茄酱、牛肉清汤粉、果醋、果汁、白糖炒浓。

❿用水淀粉勾芡，倒在小碟内，与炸好的蔬菜一起上桌即可。

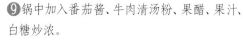

❋ 材 料 Cailiao

土豆2个(约500克)

面粉、芝麻各100克

鸡蛋2个

大葱25克,干辣椒5克

精盐、味精各1/2小匙,淀粉3大匙

吉士粉、香油各1小匙,植物油1000克

∾ 制作步骤 Zhizuo buzhou

❶鸡蛋磕入碗中,加吉士粉、面粉、淀粉和少许清水调成糊。

❷锅置火上烧热,放入芝麻用小火炒至熟香,出锅放入碗中。

❸干辣椒去蒂,切成小段;大葱去根,洗净,切成丝。

❹土豆削去外皮,用清水洗净,沥去水分,切成5厘米长的小条。

❺将土豆条放入沸水锅中焯烫至熟,捞出,沥干水分。

❻把焯好的土豆条先裹上一层调好的鸡蛋糊。

❼再放入芝麻碗中按压,使土豆条均匀地沾上一层熟芝麻。

❽锅中加入植物油烧热,放入土豆条炸至金黄色,捞出装盘。

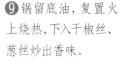

❾锅留底油,复置火上烧热,下入干椒丝、葱丝炒出香味。

❿加入精盐、味精炒匀,淋上香油,出锅倒在土豆条上即成。

麻香土豆条

口味 香辣
时间 20分钟

 ▐▐▐▐家庭在制作此菜时，也可以把去皮的土豆改刀切成大薄片，直接裹上一层鸡蛋糊后再沾上一层熟芝麻并压实，放入温油锅内炸至金黄酥脆，捞出沥油后直接上桌食用。▐▐▐▌

炸藕盒

口味 咸香
时间 20分钟

▌▌▌▌炸好的藕夹在口味上有多种变化。如果喜欢酸甜口味的藕夹，可以用番茄酱、白醋、白糖等调成味汁蘸食；如果喜欢香辣口味的，也可以制作鱼香或麻辣味汁上桌。▌▌▌

✿ 材料 Cailiao

莲藕400克，
猪五花肉150克

面粉100克，海米15克

木耳3个，鸡蛋2个

葱末5克，姜末3克，
花椒盐1小碟

精盐、味精各少许，料
酒1小匙，酱油2大匙

水淀粉100克，
植物油750克

～ 制作步骤 Zhizuo buzhou

❶海米用清水洗净，再用温水泡发，取出沥水，切成碎末。

❷木耳泡软，去蒂，洗净，放入沸水中焯一下，捞出过凉，切末。

❸鸡蛋磕入碗中打散，加入面粉和水淀粉调拌均匀成全蛋糊。

❹莲藕去掉藕节，洗净，刮去外皮，顶刀切成合页片。

❺猪五花肉洗净，剁成蓉，加入葱末、姜末、精盐拌匀。

❻再加入木耳末、海米末、酱油、精盐、味精、料酒、水淀粉调匀成馅。

❼在藕片中逐一夹入少许调好的肉馅，再放入全蛋糊内挂满蛋糊。

❽锅中加入植物油烧至六成热，放入藕盒炸至淡黄色，捞出沥油。

❾待油温升至七成热，再放入油锅内复炸至呈金黄色时。

❿捞出藕盒，沥净油，码放在盘内，带花椒盐一起上桌即成。

✿ 材料 Cailiao

苹果300克
鸡蛋1个
白糖、面粉各100克

淀粉75克
白醋少许
植物油750克

➰ 制作步骤 Zhizuo buzhou

❶鸡蛋磕入碗中搅匀成鸡蛋液,加入白醋和少许清水拌匀。

❷再放入面粉、淀粉调匀成蛋糊,淋入少许植物油拌匀。

❸苹果去皮、去核,放入淡盐水中浸泡片刻,以防苹果变色。

❹取出沥水,切成滚刀块,再滚沾上少许面粉。

❺锅中加入植物油烧至七成热,把苹果块挂匀鸡蛋浓糊。

❻放入油锅中炸至呈金黄色时,捞出,沥净油分。

❼锅复置小火上,加入清水50克和白糖,用小火不断煸炒。

❽待糖汁由大泡转为小泡,颜色微黄、浓稠时,放入苹果块。

❾离火颠锅,使糖汁裹匀苹果块,放入抹过植物油的盘中。

❿带一小碗清水与制作好的拔丝苹果一同上桌即可。

拔丝苹果

口味 甜香
时间 20分钟

苹果削皮后会很快变成浅棕色,很不好看。如果预先准备一碗凉的淡盐水或柠檬水,将削去皮的苹果放入淡盐水中,既可保持苹果中的营养、色泽鲜艳如初,又不会影响味道。

炸千子

口味 鲜咸
时间 30分钟

摊鸡蛋皮是制作炸千子的关键之一。需要先把净锅置旺火上烧热，用洁布沾少许食用油涂抹在锅上（注意油不要多，以免鸡蛋皮起鼓不成形），沿锅边倒入少许鸡蛋液并离火转动炒锅，使鸡蛋液呈圆形，再置火上稍煎至四周翘起，用手抓住鸡蛋皮的一角，轻轻一揭即可。

✤材 料 Cailiao

猪五花肉250克

鸡蛋3个

葱花、姜末各15克

精盐、味精、五香粉各2小匙

料酒、酱油、水淀粉各少许

花椒盐、面粉、植物油各适量

∿制作步骤 Zhizuo buzhou

❶碗中磕入2个鸡蛋，加入精盐、水淀粉搅成鸡蛋液。

❷锅上火烧热，刷上植物油，倒入少许蛋液摊成薄蛋皮。

❸剩下的鸡蛋磕入另一个碗里，加入面粉搅成面糊。

❹猪肉去筋膜，洗净，擦净水分，先切成黄豆大小的粒。

❺再剁成蓉，放入大碗中，加入葱花、姜末、适量清水搅匀。

❻加入精盐、味精、五香粉、酱油、料酒搅匀上劲成馅料。

❼鸡蛋皮一切两半，铺在案板上，均匀地抹上少许面粉糊。

❽在蛋皮的一端放上馅料，卷起成蛋卷，用面糊封口。

❾锅中加油烧至五成热，放入蛋卷炸至金黄色，捞出沥油。

❿斜切成小段，码放在盘内，随带花椒盐上桌即可。

❋ 材 料 Cailiao

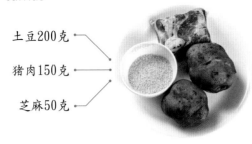

土豆200克

猪肉150克

芝麻50克

葱末、姜末各少许，精盐1/2小匙

花椒粉、味精各1/3小匙，酱油１大匙

植物油750克，番茄酱1碟

〰️ 制作步骤 Zhizuo buzhou

❶芝麻放入烧热的锅内煸炒至熟且出香味，出锅装盘晾凉。

❷土豆洗净，一切两半，上屉用旺火蒸熟，取出，剥去外皮。

❸猪肉剔去筋膜，洗净，擦净水分，剁成细泥状。

❹把蒸好的土豆放入盆内，用手按压成泥，再加入肉泥拌匀。

❺然后加入精盐、酱油、花椒粉、味精搅拌均匀成土豆肉泥。

❻取少许土豆肉泥挤成蛋黄大小的丸子，再压成小圆饼。

❼放在盛有芝麻的盘内，两面粘匀熟芝麻，轻轻压实。

❽锅中加入植物油烧至五成热，下入土豆肉饼炸熟，捞出。

❾待油温升至九成热时，再放入土豆肉饼炸酥并呈金黄色时。

❿捞出土豆肉饼，沥油，码放在盘内，带番茄酱上桌即成。

炸土豆肉饼

口味 酸甜
时间 20分钟

 炒芝麻时要把择洗干净的芝麻放入热锅内，用小火煸炒至熟，注意不要炒煳。此外，芝麻要晾凉后再均匀地包裹上土豆肉饼生坯并轻轻压实，以免炸制时芝麻脱落。

软炸里脊条

口味 咸香
时间 20分钟

 猪里脊肉要剔去白色的筋膜，片成厚片后需要剞上浅花刀，以便于腌制入味。炸里脊肉时要挂匀蛋糊，用筷子逐条放入锅内炸至外表发硬、呈浅黄色时捞出，待锅内油温升高后，再放入肉条冲炸一下以保证成品酥脆。

✽ 材 料 Cailiao

猪里脊肉300克 —

鸡蛋清、淀粉各100克 —

花椒5克 —

— 料酒、胡椒粉、十三香粉、香油各少许

— 精盐1大匙

— 植物油适量

～ 制作步骤 Zhizuo buzhou

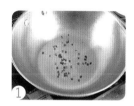

❶花椒洗净,沥干水分,放入烧热的净锅内煸炒出香味。

❷取出,用擀面杖擀压成末,趁热加入精盐拌匀成花椒盐。

❸蛋清放入碗中,加入少许精盐、淀粉、植物油调成软炸糊。

❹猪里脊肉剔去筋膜,洗净,沥去水分,片成1厘米厚的大片。

❺剞上浅十字花刀,再切成5厘米长的粗条,放在大碗中。

❻加入精盐、十三香粉、胡椒粉、料酒、香油拌匀,腌制入味。

❼锅中加入植物油烧至四成热,将猪里脊条挂匀软炸糊。

❽放入油锅中炸至肉条刚熟、呈浅黄色时,捞出,沥干油分。

❾待油温升至八成热时,下入里脊条复炸一下呈金黄色。

❿捞出沥油,码放在盘中,带花椒盐一起上桌蘸食即可。

✿ 材 料 Cailiao

牛里脊肉300克

芝麻50克

鸡蛋2个

精盐、味精各1/2小匙

胡椒粉少许，面粉、花椒盐各适量

料酒1大匙，植物油1500克

✍ 制作步骤 Zhizuo buzhou

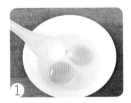

❶鸡蛋磕入碗中搅匀，加入少许精盐拌匀成鸡蛋液。

❷芝麻放入热锅内煸炒至出香味，出锅晾凉，放在碗里。

❸将牛里脊肉剔去筋膜，洗净，捞出，用洁净毛巾擦净水分。

❹放在案板上，切成12厘米长，8厘米宽，0.5厘米厚的牛排片。

❺再用刀背轻轻将牛排的两面拍至松散，放入盘中。

❻然后加入精盐、味精、料酒、胡椒粉调匀，腌制入味。

❼将牛排两面先拍匀面粉，再挂匀鸡蛋液，沾匀芝麻，压实。

❽锅中加入植物油烧至四成热，逐片下入牛排炸约2分钟。

❾翻面再炸1分钟至牛排熟且呈金黄色时，捞出沥油。

❿切成小条，码摆入盘中，随带花椒盐上桌即可。

芝麻牛排

口味 酥香
时间 20分钟

TIPS 加工制作牛排时需要先剔净牛肉的筋膜，片成大小均匀的厚片，放在案板上，用肉锤或刀背轻轻拍至松软，拍制时注意不要把牛排拍碎，并且两面都需要拍松。牛排腌制的时间最少为20分钟，如果时间过短，牛排不入味，会影响成品的口味。

Part 5
清香原味蒸煮菜

　　蒸又称屉蒸或锅蒸, 这种烹饪方法可能是百姓日常生活中最为常用的一种, 古语有云:
"不来客人不上蒸笼, 不过喜事不上蒸笼"。由此可见, 蒸菜在我国家庭中具有举足轻重的
地位。蒸是把各种生料经过初步加工, 加上各种佐料调味, 再以蒸气加热至成熟和熟烂, 原
汁原味, 味鲜汤纯的一种烹调方法。

　　煮是将生料或经过初步熟处理的半成品, 放入多量的汤汁或清水中, 先用旺火烧沸, 再
用中小火煮熟的一种烹调方法。用此方法可做水煮鸡肉、煮鸭方、煮五花肉、手扒羊肉、白斩
鸡、水煮螃蟹、水煮鸡片、水煮牛肉、水煮鲜鱿、水煮猪肝、水煮腰花等菜肴。

蒸菜的种类

蒸菜操作简便,方法容易掌握,使用比较广泛。蒸菜根据烹调技法的不同,可分为清蒸、粉蒸、瓤蒸、卷蒸、花色蒸等。

《 清 蒸 》

清蒸是将主要原料经过初步熟处理后,放入容器内,注入鲜汤(加入调味料),置蒸笼内,使用蒸气传导加热成熟的烹调方法。用此方法可做清蒸鲥鱼、清蒸元鱼、霸王别姬、清蒸鲤鱼、清蒸盘龙鳝、清蒸鸡、清蒸丸子、清蒸五色肉、清蒸田鸡等菜肴。

《 卷 蒸 》

卷蒸是先把主料加工成大薄片,辅料制成蓉、粒或丝等,加入调味料拌匀成馅,再把馅料放于主料上卷成卷,入笼用旺火蒸熟即成(或蒸熟后淋上炒好的汤汁上桌)。用此方法可做蒸酸菜鱼卷、蒸五色卷、蒸清汤荷花卷、蒸如意笋卷、蒸腐皮卷、蒸蛋皮肉卷、荷花番茄、口蘑鱼卷汤等菜肴。

《 瓤 蒸 》

瓤蒸是先把辅料加工成颗粒或蓉状,加入调味料拌制成馅料,酿入挖空的主料内,再置旺火沸水锅中,加热成熟的烹调方法。用此方法可做豆腐瓤鱼、鸡蓉瓤鸭、瓤丝瓜、金钱丝瓜、鸡蓉瓤红椒、瓤鲜虾苦瓜、瓤冬瓜等菜肴。

《 粉 蒸 》

粉蒸是把加工成片、条、块、段的原料,先加入调味料拌匀并腌渍后,和炒好的米粉调拌均匀,再放入容器内,上笼利用蒸气传导加热成菜的一种蒸制方法。用此方法可做米粉肉、粉蒸牛肉、粉蒸羊肉、粉蒸黄鳝、粉蒸鱼片等菜肴。

《 花色蒸 》

花色蒸是将加工成形的原料放入容器内,入屉上笼,用中小火较短时间加热(根据不同性质的原料作相应调整)成熟后,再浇淋上芡汁成菜的方法。花色蒸是利用中小火和柔缓蒸气加热,使菜肴成熟后不走样、不变形,保持原来美观的造型,是蒸法中最精细的做法。用此方法可做蓝花鸽蛋、莲蓬豆腐、花篮蛋等。

煮菜常见种类

煮的方法应用广泛，既可独立用于制作菜肴，又可与其他烹调技法配合制作菜肴，还常用于制作和提取鲜汤及面点制作等，常见的煮法主要有水煮和汤煮。

《 水 煮 》

水煮又称白煮、清煮等，是把原料直接放入清水中煮制成熟的煮法，煮时一般不加调料，有时加入料酒、葱、姜、花椒等以去除原料的腥膻异味。煮好后捞出改刀装盘，上桌时或淋上各种调味汁，或带味碟蘸食。常见菜肴有白煮肉片、白云猪手、清煮马哈鱼、水煮牛肉等。

《 汤 煮 》

汤煮又称油水煮，是把原料经多种方式的初步熟处理，包括炒、煎、炸、滑油、焯烫等预制成为半成品，放入锅中，加入适量汤汁（鸡汤、肉汤、清汤、奶汤、素汤等）中煮制成熟的一种煮法。汤煮所烹调的菜肴汤宽汁浓或汤汁清鲜，通常汤与原料一起食用，常见菜肴有砂锅羊肉、鸡汁煮干丝、连锅汤等菜肴。

煮蛋小窍门

煮鸡蛋看似简单，却不好把握火候，时间过短会使蛋黄不熟，时间过长会使鸡蛋变老不好吃。下面给您介绍几种煮鸡蛋的窍门：

《冷水煮蛋》

煮蛋前要把鸡蛋放入冷水中浸泡几分钟，以降低气压，再用冷水煮沸，蛋皮不易破裂。另外，煮蛋时水必须把蛋淹没，否则浸不到水的部位，蛋内的蛋白质不易凝固。

《中火煮蛋》

煮鸡蛋时要用中火，如果火力过大，会引起蛋壳爆裂；火力太小，则会延长煮蛋时间，不易掌握鸡蛋的老嫩。

《煮蛋时间》

煮鸡蛋的时间应为水沸后5分钟，煮出来的鸡蛋既杀死了有害致病菌，又能比较完整地保存营养素。如果鸡蛋在沸水中煮超过10分钟，蛋白质结构会变得紧密，较难消化。此外，蛋品中的蛋氨酸在长时间加热后，会形成人体不易吸收的硫化铁，营养损失较多。

《煮蛋加盐》

在煮鸡蛋时可在水锅内加入少许精盐，尤其是煮裂纹鸡蛋时。因为精盐有促进蛋白质凝固的作用，因此，裂纹蛋就不会继续加大破裂程度，蛋白也凝固在蛋中不会流出来。加盐煮好的鸡蛋稍凉后也便于去掉蛋壳，并且蛋面也完整、光滑。

《必须煮熟》

煮不熟的鸡蛋危害很大，因为生鸡蛋不但存在沙门氏菌污染问题，还有抗酶蛋白和抗生物素蛋白两种有害物。前者会影响蛋白质的消化吸收；后者能与食物中的生物素结合，导致人体生物素缺乏，产生精神倦怠、肌肉酸痛等症状。而鸡蛋经煮熟后，上述两种物质会被破坏，因此，在煮鸡蛋时一定要把鸡蛋煮熟，时间为5～7分钟为宜。

煮菜小秘笈

●煮肉类时,肉块宜大不宜小。肉块切得过小,肉中的蛋白质、脂肪等鲜味物质会大量溶解在汤内,使肉的营养和鲜味大减。

●煮骨头汤时,在水沸后加入少许醋,可使骨头里的磷、钙等营养素更好地溶解在汤内,这样煮制而成的汤既味道鲜美,又便于肠胃吸收。

●煮制菜肴时不宜用旺火,一般要先用旺火烧沸汤汁,再改用小火慢慢煮制,这样煮出的菜肴味道更鲜美。

●煮牛羊肉时,可在前一天晚上将牛羊肉涂上一层芥末,第二天洗净后加入少许醋,或用纱布包一小包茶叶与牛羊肉同煮,可使其易熟又软嫩。

●热菜中的煮法以最大限度地抑制原料鲜味流失为目的,所以,一般加热时间不能太长,防止原料过度软散失味。

●煮菜质感大多以鲜嫩为主,也有软嫩为主的,都带有一定的汤汁,但大多不勾芡,少数菜品勾芡要勾薄一些,只是增加汤汁黏性。与烧菜比较,煮菜的汤汁稍宽,属于半汤半菜。

●煮制时不要中途添加冷水,因为正加热的原料会遇冷收缩,蛋白质不易溶解,煮好的汤便失去了原有的鲜香味。汤水最好一次性加足,必须加水时,要加入沸水。

●汤煮的原料一般选用纤维短、质细嫩、异味小的鲜活原料,而且必须加工切配为符合煮制要求的规格形态,如丝、片、条、小块、丁等。

●用新鲜鸡、鸭、排骨等煮汤时,必须待水沸后下锅;如果用经过腌渍的肉、鸡、火腿等煮汤,则须冷水下锅。

●煮汤时忌早放盐,因为放盐过早会使原料,尤其是畜肉原料中的蛋白质凝固,不易溶解,从而导致汤色发暗,浓度不够,外观不美,汤品营养成分降低。

●煮制菜肴时,适当加入一些葱、姜等,可以有效去除原料中的腥膻味道,但用量一定要适当,过多地放入葱、姜等香辛料,会影响汤汁本身的原汁原味。

●煮汤时常会发觉汤凉了以后,在表层会凝结一层浮油,感觉很油腻,可用洁净纱布包裹冰块,在汤锅里绕两圈,浮油就会被吸收,汤就可以清而不腻。

●煮鱼时需要沸水下锅。这是因为鱼的质地细嫩,沸水下锅能使鱼体表面骤受高温,体表蛋白质凝固,从而保持鱼体形状完整,不易破损。

●煮制菜肴时需要加盖,且不宜多揭盖,不盖锅盖或常揭盖煮菜,会使原料中的脂类、鲜味和挥发性香精油等大量挥发溢出,使菜肴的香气不足,影响菜肴的质量。

什锦酿南瓜

口味 鲜甜
时间 20分钟

南瓜要切成大小均匀的块，放入清水锅内焯烫一下，捞出过凉后沥水，用小刀挖出小洞，酿入调好的馅料并涂抹光滑，上屉用沸水旺火蒸至熟烂，出锅后也可淋上少许味汁。

✿ 材 料 Cailiao

南瓜1000克 •

虾仁、鲜贝、水
发海参各100克 •

鸡蛋清1个 •

• 精盐1小匙

• 味精、鸡精各2小匙

• 淀粉适量

➰ 制作步骤 Zhizuo buzhou

❶南瓜去蒂、去外皮，一切两半，挖去瓜瓤，用清水洗净。

❷切成长5厘米，宽3厘米的长方形大块。

❸锅中加入清水烧沸，放入南瓜块焯烫一下，捞出沥干。

❹虾仁挑除沙线，洗净，剁成蓉泥；鲜贝洗净，也剁成蓉泥。

❺水发海参洗净，入沸水锅内焯水，捞出沥水，再捣烂成泥。

❻将虾泥、鲜贝泥、海参泥放入大碗中，加入精盐拌匀上劲。

❼再加入鸡蛋清、味精、鸡精、淀粉拌匀成馅料，挤成小丸子。

❽在每块南瓜上挖出2个1厘米深的圆洞，酿入小丸子。

❾放入盘中，入笼用旺火蒸20分钟左右至南瓜块熟透。

❿取出南瓜块，码放在另一盘内，上桌即可。

✿ 材 料 Cailiao

带皮猪五花肉500克

葱段、姜片、花椒、八角各少许

精盐、味精各1/3小匙

白糖、冰糖、糖色各1小匙

料酒、酱油各2大匙

淀粉适量,植物油1000克

〰 制作步骤 Zhizuo buzhou

❶猪五花肉刮洗干净,放入清水锅内焯烫一下,捞出洗净。

❷净锅加入沸水、五花肉,用小火煮至八分熟,捞出沥水。

❸趁热在皮面上抹匀糖色,上匀色,晾凉。

❹锅中加入植物油烧至八成热,放入五花肉块炸至金黄色,捞出沥油。

❺将炸好的五花肉块切成1厘米厚的大片,皮面朝下码入碗中。

❻再加入料酒、酱油、精盐、白糖、冰糖、葱段、姜片、花椒、八角。

❼滗入少许煮肉的原汤,上屉用旺火蒸约45分钟至熟烂取出。

❽拣出葱、姜、花椒、八角不用,滗出原汤,肉片翻扣在盘中。

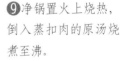

❾净锅置火上烧热,倒入蒸扣肉的原汤烧煮至沸。

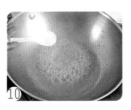

❿加入味精,撇去浮沫,用水淀粉勾薄芡,浇在扣肉上即可。

烧蒸扣肉

口味 香醇
时间 90分钟

猪五花肉中含有比较丰富的蛋白质、脂肪、碳水化合物、B族维生素和多种氨基酸等,有补肾养血,滋阴润燥的功效,对肾虚体弱、腰膝酸痛等症有很好的食疗保健效果。

发财猪手

口味 咸鲜
时间 2小时

猪手要洗净，先放入清水锅内焯烫出血水，捞出，沥去水分，再趁热涂抹上少许老抽上色，然后放入热油锅内炸上颜色，炸制时要注意安全，以免热油溅出，发生烫伤情况。

❋ 材 料 Cailiao

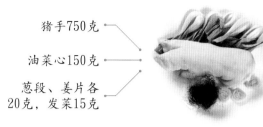

猪手750克

油菜心150克

葱段、姜片各
20克，发菜15克

精盐、蚝油各1/2大匙，
味精1小匙，香油少许

白糖、老抽各2大
匙，水淀粉1大匙

料酒、上汤各100
克，植物油适量

∾ 制作步骤 Zhizuo buzhou

❶发菜洗净，泡软，放入碗中，加入少许上汤蒸10分钟，取出。

❷油菜心洗净，在菜心根部剞上十字花刀。

❸猪手去净残毛，洗净，每个剁成两半，放入清水锅中焯烫一下。

❹捞出沥水，趁热涂抹上少许老抽和料酒上色。

❺锅置火上，加入上汤、料酒、精盐、蚝油、味精、白糖、老抽烧沸成味汁，倒入容器中。

❻净锅置火上，加入植物油烧热，放入猪手冲炸至上色，捞出沥油。

❼皮朝下放入大碗中，再放上发菜、姜片、葱段，倒入味汁。

❽入笼用旺火蒸1小时至猪手熟透，取出，扣入盘中。

❾原汁滗入锅内烧沸，用水淀粉勾薄芡，淋入香油，起锅浇在猪手上。

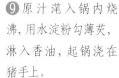

❿油菜心入锅炒熟，取出，围在蒸好的猪手四周即可。

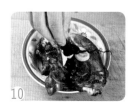

材料 Cailiao

青虾400克

大葱、蒜瓣各15克

姜块10克，花椒3克

精盐、生抽各适量

米醋、酱油各2大匙

料酒1小匙，香油1大匙

制作步骤 Zhizuo buzhou

❶大葱去根和老叶，洗净，切成碎末；蒜瓣去皮，剁成末。

❷姜块削去外皮，洗净后切成细蓉，放入碗中。

❸加入米醋、酱油和少许烧热的香油调匀成三合油味汁。

❹青虾剪去虾须，剔去虾线，放在清水盆内。

❺加入花椒调拌均匀，腌泡15分钟，捞出沥水。

❻放入碗中，加入料酒、精盐、蒜末拌匀。

❼蒸锅置火上，放入青虾，隔水用旺火蒸熟，取出，放入盘中。

❽锅置火上，加入香油烧至六成热，下入葱末炒出香味。

❾再加入生抽烧沸，离火后倒在小碗里成葱油味汁。

❿将葱油味汁、三合油汁与蒸好的青虾一起上桌蘸食即成。

盐水蒸虾

口味 鲜香
时间 25分钟

青虾在我国的分布极广，江苏、上海、浙江、福建、江西、广东、湖南、湖北、四川、河北、河南、山东等地均有分布。其中以河北省白洋淀、江苏太湖、山东微山湖出产的青虾最有名。蒸制好的青虾除了搭配葱油味汁、三合油汁蘸食外，也可以直接食用，更能体现青虾的原味。

家常扒五花

口味 咸香
时间 75分钟

　　████猪五花肉要先用中小火煮至八分熟，捞出后擦净表面水分，涂抹上甜面酱等，再放入热油锅内炸上颜色，炸制时油温要高，并且要注意安全，以免热油溅出，发生烫伤的情况。████

✿ 材 料 Cailiao

带皮五花肉500克

酸菜150克

香葱25克，香菜15克

大葱段、姜片各10克

精盐、鸡精、料酒、白醋各少许

酱油、豆瓣酱、甜面酱、水淀粉、植物油各适量

✎ 制作步骤 Zhizuo buzhou

❶酸菜去根，用清水浸泡并洗净，沥去水分，切成丝。

❷香葱去根和老叶，洗净，切成粒；香菜取嫩香菜叶，洗净。

❸猪五花肉刮洗干净，入清水锅中煮30分钟至八分熟，捞出晾凉。

❹擦去表面水分，在肉皮上抹匀酱油、甜面酱、料酒，上色。

❺锅中加入植物油烧至七成热，将五花肉肉皮朝下入锅炸至金红色。

❻捞出沥油，晾凉，切成长方形大片，装入容器中。

❼锅留底油烧热，下入葱段、姜片、豆瓣酱炒出香味。

❽放入酸菜丝炒匀，加入料酒、精盐、鸡精、酱油炒至入味。

❾出锅倒在五花肉片上，放入蒸锅中，用旺火蒸30分钟至熟。

❿取出，扣入盘中，淋上蒸肉的原汁，再撒上香葱、香菜叶即可。

✽ 材 料 Cailiao

青虾500克

红辣椒15克

香菜、葱段、
姜块各10克

花椒少许

生抽2大匙

精盐、味精、鸡精、
香油、植物油各适量

🍃 制作步骤 Zhizuo buzhou

❶青虾剪去虾须，剔
去虾线，洗涤整理干
净，沥干水分。

❷香菜择洗干净，沥
去水分，切成小段。

❸红辣椒去蒂和籽，
洗净，切成细丝，放入
小碗中。

❹锅置火上，加入少
许植物油烧至九成热，
浇淋在红椒丝上。

❺稍焖出香味，再加
入香菜段、生抽和香油
调拌均匀成味汁。

❻锅中加入植物油烧
热，下入葱段、姜块、
花椒煸炒出香味。

❽放入青虾用旺火沸水煮沸，撇去表面浮沫，捞
出青虾。

❾码放在盘内，再淋上红椒丝味汁，食用时拌匀
即成。

❼添入清水烧沸，捞
出葱、姜、花椒，加入
精盐、鸡精、味精。

盐水青虾

口味 咸鲜
时间 20分钟

在煮制青虾时，除了需要把青虾去掉虾线外，可在煮青虾的清水里加上少许白醋，可使煮熟的青虾色泽亮丽，而且食用的时候青虾的外壳和虾肉也易于分离。但需要注意，白醋不宜加多，以免感觉到酸味。

盐水排骨

口味 咸香
时间 50分钟

排骨中含有丰富的蛋白质和多种氨基酸，可为人体提供优质蛋白质和其他营养素。此外，排骨中富含微量元素钾，经常食用可强身健体，使肌肤光泽健美，并有通利小便，消除水肿的效果。

✿ 材 料 Cailiao

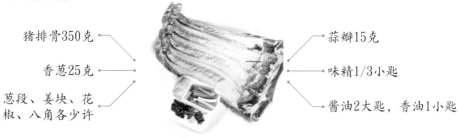

猪排骨350克 •————

香葱25克 •————

葱段、姜块、花椒、八角各少许 •————

————• 蒜瓣15克

————• 味精1/3小匙

————• 酱油2大匙，香油1小匙

✿ 制作步骤 Zhizuo buzhou

❶香葱去根，洗净，切成小段；蒜瓣去皮，剁成细末。

❷蒜末、酱油、香油、味精放入小碗中调匀成味汁。

❸葱段、姜块、花椒、八角用纱布包裹好成调料包。

❹排骨放入清水中浸泡以洗去血水，捞出，沥净水分。

❺先顺骨头缝切成长条，再剁成5厘米大小的段。

❻净锅置火上，加入清水、排骨块烧沸，焯烫一下，捞出冲净。

❼锅置火上，加入适量清水、调料包，用旺火烧沸。

❽放入排骨块烧沸，撇去浮沫，用中火煮20分钟。

❾捞出调料包，加入精盐、味精调味，用旺火煮10分钟至熟。

❿捞出排骨，放在大碗中，撒入香葱段，带味汁上桌蘸食即可。

✿ 材 料 Cailiao

鳙鱼头1个

鲜红泡椒150克

大葱、姜块、
蒜瓣各10克

胡椒粉、蚝油、
味精各1小匙

蒸鱼豉油3大匙

植物油适量

～制作步骤 Zhizuo buzhou

❶鲜红泡椒去蒂，用
快刀剁成碎末，放在
小碗内。

❷大葱、姜块、蒜瓣
分别择洗干净，沥去水
分，均切成碎末。

❸鳙鱼头去鱼鳃、鱼
鳞，洗净，入沸水锅中
焯烫一下，捞出沥水。

❹刮去黑膜，从背部
片开成两半，擦净水
分，放在大盘中。

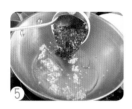

❺锅中加入植物油烧
至六成热，下入泡椒
末、姜末、蒜末炒香。

❽置旺火上蒸约10分钟至熟，取出鳙鱼头，去掉
保鲜膜。

❾撒上葱花、胡椒粉，再淋上烧至九成热的植
物油即可。

❻加入蚝油、精盐、蒸
鱼豉油和味精，用小火
炒至浓稠出香味。

❼均匀地浇在鳙鱼头
上，用保鲜膜封好，放
入蒸锅内。

剁椒鱼头

口味 香辣
时间 40分钟

炒制剁椒时要先用中火炒出香辣味，再加入蚝油、豉油等，用小火不断煸炒至浓稠并出香味，出锅后均匀地撒在鱼头上面。蒸制鱼头时需要用保鲜膜密封，以免水蒸汽进入，冲淡成菜的口感。此外，蒸鱼头时要用旺火，时间可长些，蒸好的鱼头还需要淋上烧热的植物油炝出香味。

Part 6
软嫩浓厚焖炖菜

　　焖是我们经常使用到的烹饪方法之一，是将经过炸、煮等初步熟处理的原料放入锅内，加入适量的汤汁和调味品，用旺火烧沸，再改用中小火进行长时间的加热，待原料酥软成熟入味后，带少量汁芡的一种操作方法，具有形态完整、汁浓味醇、软嫩鲜香的特点。

　　炖是将原料加入汤水和调味品，用旺火烧沸后转中小火长时间烧煮成菜的烹调方法。炖菜大部分主料带骨、带皮，是制作火功菜的烹调技法之一。炖菜具有原汁原味、汤鲜味浓、质地酥软的特点。

焖菜常见种类

焖的种类有多种,如按预制加热方法可以分为原焖、炸焖、爆焖、煎焖、生焖、熟焖、油焖等。如按调味种类,又可以分为红焖、黄焖、酱焖等。

《 原 焖 》

加工好的原料,用沸水焯烫或煮制后入锅,加入调料和足量的汤水以没过原料,盖紧锅盖,在密封条件下,用中小火较长时间加热焖制,使原料酥烂入味,留少量味汁而成菜的技法。原焖菜的收汁是拢住香味,保持鲜味的重要内容。原焖的原料主要是畜禽肉类和鱼类,一般少用蔬菜。用此方法可以做料酒焖肉、原焖加吉鱼、原焖小排等。

《 油 焖 》

是把加工好的原料,经过油炸以排出原料中的适量水分,使之受到油脂的充分浸润,然后放入锅中,加入各种调味品和适量鲜汤,盖上盖,先用旺火烧开,再转中小火焖,边焖边加入一些油,直到原料酥烂而成菜的技法。油焖的原料主要为海鲜和蔬菜等。用此方法可以做油焖大虾、油焖尖椒、油焖春笋等。

《 黄 焖 》

是先把各种原料经过初步熟处理,放入锅内,加入黄酱(或姜粉、甜面酱)及其他调味料等,用旺火烧沸后改用小火慢焖至菜肴呈黄色并酥烂即成。用此方法可做黄焖牛肉、黄焖豆腐肉片、黄焖鸡翅、黄焖牛尾、黄焖鱼肚、黄焖栗子鸡等菜肴。

《 红 焖 》

把原料经改刀并油炸后,放入锅内,加入调味料和足量的汤水,用小火焖烧至熟。红焖与黄焖做法大体相似,只是在调汁上色方法上有所不同。红焖是以酱油和白糖上色,使菜肴呈红色。用此方法可做红焖鸡块、红焖鸭、红焖羊肉、红焖猪蹄、红焖海参、红焖甲鱼等菜肴。

制作焖菜小窍门

●制作肉类焖菜时,肉块要切得稍大点。因为肉类中含有可溶于水的呈鲜含氮物质,焖肉的时候释出越多,肉汤味道越浓,肉块的香味则会相对减淡。因此,肉块切得要适当大点,以减少肉内呈鲜物质的外逸,这样肉味可比小块肉鲜美。

●不要一直用旺火焖煮。因为原料遇到急剧的高热,肌纤维变硬,原料尤其是肉类原料不易煮烂。另外,一直用旺火焖制,也不能保证成品软嫩、清香、味美的口感。

●焖制菜肴的添汤量以淹没原料为宜。如焖制时间较长可适当增加汤量,反之则要减少。对易熟菜肴可用中火焖制,反之应用小火焖制。

炖的种类

炖是家庭中使用较为广泛的烹调方法之一，分为不隔水炖和隔水炖两种。另外，炖还有清炖和傍炖之说。

《 不隔水炖 》

不隔水炖是将原料在沸水中烫去血污和腥膻气味，再放入陶制的器皿内，加入葱、姜、酒等调味品和水（加水量一般比原料稍多一些，如500克原料可加750～1000克的水），盖上盖，直接放在火上炖制。烹制时要先用旺火煮沸，撇去浮沫，再移微火上炖至酥烂。炖煮的时间可根据原料的性质而定。

《 隔水炖 》

隔水炖是将原料在沸水内焯烫去腥污后，放入瓷制、陶制的钵内，加入葱、姜、酒等调味品与汤汁，用纸封口，将钵放入水锅内（锅内的水需低于钵口，以滚沸水不浸入为度），盖严锅盖，不使漏气。用旺火使锅内的水不断滚沸，大约3小时即可炖好。隔水炖不易散失原料的鲜香味，制成的菜肴香鲜味足，汤汁清澈。此外，隔水炖也有将装好原料的密封钵放在沸滚的蒸笼上蒸炖的，其效果与不隔水炖基本相同，但因蒸炖的温度较高，必须掌握好蒸的时间。蒸的时间不足，会使原料不熟和缺少香鲜味道；蒸的时间过长，会使原料过于熟烂和散失香鲜滋味。

《 傍 炖 》

傍炖又称浑炖、刮炖等，是把原料加工成形后，用沸水焯一下或放入油锅内炸至成熟，再放入调好口味的汤锅内炖烂而成。傍炖菜肴在调味上可以加入有色调味料，而且炖制的时间要比清炖短，对于易熟的原料，只需要15分钟，而对于肉类等原料，一般也不超过1小时。用此方法可做傍炖鲤鱼、刮炖鳜鱼、傍炖芋头鹅肉、刮炖仔鸡、傍炖黄豆猪肘等菜肴。

《 清 炖 》

清炖是将原料放入沸水锅内焯一下，去掉血污，再放入炖锅内，加入清水（或汤汁）和调味料，用慢火炖至成熟的一种方法。清炖是比较常见的炖法，多以一种原料为主，并且不加有色调味料。用此方法可做清炖排骨、清炖鸡块、清炖乳鸽、清炖乌鸡、清炖雏鸡、清炖野鸭、清炖羊尾、清炖牛舌尾、清炖猪蹄、清炖牛肉、清炖牛尾等菜肴。

一步一步学焖炖

《 选料 》

焖炖菜所使用的原料比较广泛, 而原料选择也是做好焖炖菜的先决条件。焖炖菜的选料可分为主料选择和配料选择。主料宜选新鲜的动植物性原料, 如整鸡、整鱼、白菜、四季豆、香菇、冬笋、木耳等。这些原料具有新鲜, 含水分少和无特殊异味的特点。配料应选择一些新鲜、脆嫩、色泽鲜艳的原料, 如玉兰片、青椒、黄瓜、莴笋等。

《 初加工 》

原料的初步加工范畴较大, 比如蔬菜的择根去杂, 去斑除叶; 动物除脏、煺毛、去鳞、洗涤等等。这其中还是以除脏和洗涤影响口味大些。比如各种动物的肠肚, 在烹调前 (或初步热处理前), 必须彻底反复清洗, 并且要加入一定量的矾、碱、盐、面粉、苏打等物, 洗至肠肚表面干净为佳, 否则恶臭味会带入成品而影响菜肴的口味。另外, 我们做"焖猪头"、"炖猪肘"时, 必须将原料表面的绒毛、油泥用火燎去, 刮洗干净, 否则成品中油泥味过重。

《 焯水 》

焯水是制作很多焖炖菜所必须的一道步骤, 其又分为冷水焯和沸水焯两种。沸水焯是使用最为广泛的方法, 是把原料直接放入沸水锅内焯烫而成。但是也有些原料和菜肴, 则需要采用冷水焯的方法。大萝卜在炖前切成块, 放入凉水锅内烧沸; 再如肠肚在正式烹调前放入凉水锅内焯 (紧) 一下捞出; 而海参类食材等, 也需要放入冷水锅内焯烫。

①将萝卜洗净, 去皮, 切成大块, 和羊肉块一起放入冷水锅中, 用旺火烧沸, 撇去浮沫。
②再转小火煮约30分钟, 捞出羊肉块, 换清水洗净, 然后烹制菜肴, 膻味即可去除。
③或者将羊肉洗净, 切成大块, 放入清水锅中, 加入绿豆25克煮沸10分钟, 羊肉膻味即除。
④还可以把羊肉洗净, 切成块, 放入清水锅中, 加入米醋煮沸(500克羊肉加入500毫升清水、25克米醋), 捞出羊肉洗净后烹调, 膻味即可去除。

《 过油 》

很多焖炖菜的原料需要过油的处理。凡是过油的原料, 其成品都增香, 这一点是有目共识的普遍现象。如"莲藕炖仔鸡", 既可以把仔鸡和莲藕经过焯水后炖制成菜, 也可以把仔鸡过油后再配以莲藕块制作, 其效果和味觉是不一样的, 前者口味清淡, 而后者更为鲜香。

《 调味 》

调味有三个阶段, 分为原料加热前调味、原料加热中调味和原料加热后调味。而原料加热前调味在焖炖菜中使用很少, 而原料加热后调味则使用最多。

红焖羊肉

口味 咸香
时间 60分钟

为了保证羊肉的鲜嫩，红焖羊肉中所选的羊肉是整只羊中最有营养价值的部位，除了羊外脊肉外，羊后腿、上脑、三叉等也是很好的选择。而配料方面可根据个人喜好而灵活掌握。

❋ 材 料 Cailiao

羊外脊肉、
白萝卜各250克

板栗100克

姜末、香葱段10克

精盐、味精各1/2小匙,
番茄酱、白糖各2大匙

白醋、料酒、酱油各1大匙

淀粉适量, 植物油750克

➰ 制作步骤 Zhizuo buzhou

❶白萝卜去根、去皮, 洗净, 沥水, 切成菱形小块。

❷将白萝卜块放入沸水锅中焯透, 捞出, 用冷水过凉。

❸板栗在表面切一小口, 入锅煮熟, 捞出去壳, 剥去内膜。

❹羊外脊肉剔去筋膜, 洗净, 擦净水分, 切成3厘米大小的块。

❺放入碗中, 加入少许精盐、料酒、酱油、植物油调拌均匀。

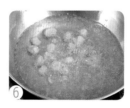

❻锅中加入植物油烧至五成热, 放入板栗肉冲炸一下, 捞出沥油。

❼待油温升至七成热时, 再放入羊肉块炸至金黄色, 捞入沥油。

❽锅中加入底油烧热, 下入姜末炝锅, 再放入番茄酱煸炒一下。

❾烹入料酒、白醋, 加入白糖、精盐、清水烧沸, 然后放入羊肉块, 转微火焖至八分熟, 再放入萝卜块、板栗, 用小火焖至熟烂。

❿转旺火收汁, 加入味精, 用水淀粉勾芡, 撒入香葱段, 出锅装碗即可。

材料 Cailiao

猪五花肉1000克
大葱2根
姜块25克

白糖、酱油各2大匙
料酒1大匙
面粉适量

制作步骤 Zhizuo buzhou

❶面粉放入盆中，加入少许清水调匀，揉搓均匀成面团。

❷大葱洗净，斜切成段；姜块去皮，用刀拍碎，再切成块。

❸猪五花肉洗净，放入清水锅内烧沸，浸煮约5分钟，捞出。

❹擦净表面水分，切成4厘米大小的正方块。

❺取大砂锅1个，先放入竹箅子垫底，再铺上葱段、姜块。

❻将方块肉皮朝下整齐地摆入砂锅中。

❼再加入白糖、酱油、料酒、少许葱段，盖上盖，用面团密封锅盖。

❽砂锅置火上烧开，转微火焖2小时左右，开封启盖，盛出。

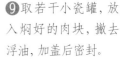

❾取若干小瓷罐，放入焖好的肉块，撇去浮油，加盖后密封。

❿上笼用旺火蒸30分钟至肉块酥烂，取出，直接上桌即可。

罐焖肉

口味 咸香
时间 90分钟

 罐焖肉在制作时采用了先炖后蒸的方法。收拾干净的猪肉块要先放入砂锅内，密封后用小火焖至熟香，取出肉块后放入瓷罐内，再浇入少许原汁，上屉用旺火蒸至酥烂即可。

冬瓜炖羊肉

口味 鲜香
时间 60分钟

如果使用的羊肋肉比较老，可在制作羊肋肉的前一天晚上在羊肉的表面涂上少许芥末，第二天用冷水冲洗干净后下锅炖制成菜，并在炖制时加入适量的料酒，可以使比较老的羊肉容易煮烂，而且肉质变嫩，色佳味美，香气扑鼻。

❋ 材 料 Cailiao

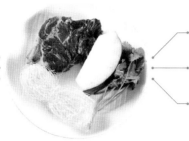

冬瓜250克
羊肋肉200克
粉丝25克, 香菜15克

葱段、姜块各少许
精盐、料酒、香油各1小匙
胡椒粉、味精各1/3小匙

～制作步骤 Zhizuo buzhou

❶冬瓜去皮、去瓤, 用清水洗净, 切成小块。

❸粉丝用温水泡软, 剪成段; 香菜择洗干净, 切成小段。

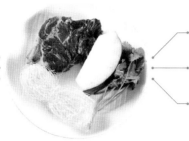
❷放入沸水锅中焯烫一下, 捞出过凉, 沥去水分。

❹羊肋肉放入清水中浸泡, 洗净, 捞出沥水, 切成小块。

❺锅置火上, 加入清水, 放入羊肉块烧沸, 焯烫至透, 捞出, 用冷水过凉。

❻净锅置火上, 加入足量清水烧沸, 放入羊肉块、葱段和姜块稍煮。

❼撇去浮沫, 再加入精盐、料酒, 转小火炖约40分钟至八分熟。

❽然后放入冬瓜块, 用小火煮至熟烂, 拣去葱段、姜块不用。

❾最后放入粉丝、味精、胡椒粉和香菜段, 淋入香油, 即可出锅装碗。

❋ 材 料 Cailiao

猪排骨500克

葱花、姜末各5克

花椒3克，精盐2小匙

白醋、酱油、香油各2大匙

料酒3大匙，白糖75克

植物油500克(约耗25克)

❥ 制作步骤 Zhizuo buzhou

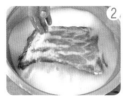

❶花椒放入热锅中煸炒出香味，出锅盛在碗里，捣成粉末。

❷猪排骨放入淘米水内浸泡并洗净，捞出，换水洗净。

❸先顺长切成长条，再剁成5厘米长的段，放在容器内。

❹加入少许精盐调拌均匀，腌渍约4小时(冬天腌渍1天)。

❺取出排骨块，用清水洗净，沥净水分，加入花椒粉、精盐拌匀。

❽然后加入料酒、白糖、酱油烧沸，转小火炖至八分熟。

❾加入白醋，再转旺火收稠汤汁，淋入香油，出锅装碗即可。

❻锅中加入少许植物油烧至七成热，下入葱花、姜末炸香。

❼再放入排骨块煸炒片刻，加入清水750克烧沸，撇去浮沫。

清汁排骨

口味 咸香
时间 5小时

猪排骨除了含有较多的蛋白质和脂肪外，还含有钙、铁等矿物质，能有效地改善钙铁性贫血，并有助于生长发育和减缓骨质疏松，适合身体虚弱者补充营养。

香酥焖肉

口味 咸香
时间 3小时

▏▎▍用面粉揉搓成面团，其主要作用是将容器密封，以保证成品菜肴原汁原味的特点。家庭中也可以用锡纸、纱布等替代，可以起到相同的作用。▏▎▍

❉ 材 料 Cailiao

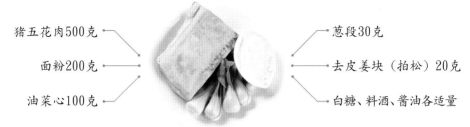

猪五花肉500克 •⎯⎯

面粉200克 •⎯⎯

油菜心100克 •⎯⎯

⎯⎯• 葱段30克

⎯⎯• 去皮姜块（拍松）20克

⎯⎯• 白糖、料酒、酱油各适量

∿ 制作步骤 Zhizuo buzhou

❶油菜心洗净，根部剞十字花刀，放入沸水锅内焯水，捞出过凉。

❷面粉放入盆内，加少许冷水调匀并揉搓成面团，再搓成条。

❸五花肉用温水洗净，放入清水锅中焯烫5分钟，捞出沥水。

❹再切成6厘米大小的正方形块(每块约100克)。

❺取大砂锅1个，用竹箅子垫底，铺上葱段、姜块，放入肉块。

❻加入白糖、酱油、料酒，盖上盖，用面团密封四周边缝。

❼置旺火上烧沸，转小火焖约2小时，开封启盖，端离火口。

❽另取5个小罐，每罐放入一块肉(皮朝上)，撇去肉汁上面的浮油，分别倒入罐中。

❾盖上盖，用纸条密封罐盖四周，上笼用旺火蒸半小时至肉块酥烂。

❿放入焯烫好的油菜心加以点缀，再用旺火蒸5分钟，离火后直接上桌即成。

✿ 材 料 Cailiao

活鲫鱼1条, 豆腐500克

猪五花肉100克

香菜段15克

葱段、姜片、姜末、葱花各10克

精盐、味精、淀粉各少许

料酒、鲜汤、植物油各适量

～ 制作步骤 Zhizuo buzhou

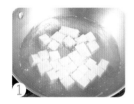

❶ 豆腐片去老皮, 切成小块, 放入沸水中略烫一下, 捞出沥干。

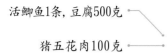

❷ 猪五花肉剔去筋膜, 洗净, 擦净表面水分, 剁成末。

❸ 放入碗中, 加入葱花、姜末、精盐、料酒拌匀成馅料。

❹ 鲫鱼宰杀, 刮去鱼鳞, 去鳃, 剖腹去除内脏, 用清水洗净。

❺ 擦净表面水分, 两面剞上浅十字花刀 (注意不要剞透)。

❻ 将调好的馅料酿入鲫鱼腹内, 再滚沾上一层淀粉。

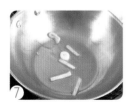

❼ 锅中加入植物油烧至七成热, 下入葱段、姜片炒出香味。

❽ 放入鲫鱼, 用中火煎至上色, 再烹入料酒, 加入鲜汤煮沸。

❾ 撇去浮沫, 盖上锅盖, 转小火焖约10分钟, 捞出葱、姜不用。

❿ 然后放入豆腐块烧焖片刻, 最后加入精盐、味精调味, 出锅装碗, 撒上香菜段即成。

鲫鱼炖豆腐

口味 鲜香
时间 40分钟

鱼在初加工时要收拾干净，不能带有鱼鳞和鱼鳃。另外，鲫鱼有咽喉齿，就是位于鳃后咽喉部的牙齿要去掉，如果不去掉直接制作出的鲫鱼，尤其是采用炖的方法成菜，汤汁味道欠佳，且有比较厚的土腥味。

杞子炖牛鞭

口味 香浓
时间 3小时

 牛鞭除鲜品外，还常作为干制品出售。干牛鞭需要涨发后制作菜肴，涨发时把干牛鞭用清水浸泡4小时至软，放入碗中，加入葱、姜、料酒和少许清水，上屉蒸至熟烂即可。

❀ 材 料 Cailiao

水发牛鞭1000克，
老母鸡腿500克

火腿50克，枸杞子25克

菜心10棵，
水发冬菇15克

葱段、姜块各10克

精盐、味精、胡
椒粉、料酒各少许

植物油适量，牛
肉清汤2000克

❧ 制作步骤 Zhizuo buzhou

❶ 枸杞子用清水洗净；火腿切成大片；水发冬菇去蒂，洗净。

❷ 菜心去根和老叶，洗净，入沸水锅中焯水，捞出过凉，沥干。

❸ 牛鞭顺长剖开，用清水漂洗干净，剖上一字花刀，切成小段。

❹ 鸡腿洗净，剁成大块，与牛鞭块一起放入清水锅中。

❺ 加入料酒、少许葱段和姜块烧沸，焯煮5分钟，捞出沥水。

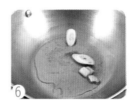

❻ 锅置火上，加入植物油烧热，下入葱段、姜块炝锅。

❼ 放入牛鞭、火腿片、牛肉清汤、鸡腿块烧沸，撇去浮沫。

❽ 倒入砂锅中，用小火炖2小时至熟烂，取出鸡块、葱段、姜块。

❾ 再放入菜心、冬菇和枸杞子烧沸，撇去浮沫和杂质。

❿ 然后加入精盐、味精、胡椒粉调好口味，离火上桌即可。

✿ 材 料 Cailiao

牛蹄筋500克

油菜150克

大葱15克，姜块
10克，八角2粒

精盐、料酒、植物油各少许

味精、鸡精各1小
匙，豆瓣酱2大匙

香油、辣椒油各
1大匙，老汤适量

～ 制作步骤 Zhizuo buzhou

❶大葱洗净，切成小段；姜块去皮，切成片；豆瓣酱剁碎。

❷油菜去根，洗净，放入沸水锅内焯透，捞出沥干。

❸牛蹄筋剔去余肉和杂质，放入冷水中浸泡并洗净，捞出。

❹锅中加入清水、少许葱段、姜片和料酒烧沸，放入牛蹄筋。

❺用小火焖煮约90分钟，捞出，用冷水过凉，沥水，切成小条。

❻锅中加入植物油烧至六成热，下入葱段、姜片、八角炒出香味。

❼放入豆瓣酱略炒，再加入老汤烧沸，捞出葱、姜、八角不用。

❽加入牛蹄筋、料酒、精盐烧沸，转小火炖至熟烂入味。

❾撇去浮沫，加入味精、鸡精稍煮，淋上辣椒油、香油。

❿把焯烫好的油菜放入盘内垫底，再盛入牛蹄筋即可。

红焖牛蹄筋

口味 鲜咸
时间 2小时

 使用油菜心垫底，不仅可以使成菜更为美观，而且营养也更为均衡。家庭中也可用其他绿色蔬菜，如芦笋、西蓝花、菠菜等替代。

清炖牛尾

口味 鲜香
时间 2.5小时

 ▌▌如果选用新鲜的整条牛尾，需要先浸泡并刮洗干净，剁成块后再放入清水锅内焯烫一下，然后加工成菜。如果使用罐装牛尾块，可以直接与鸡汤和配料蒸炖成菜。▌▌

❀ 材 料 Cailiao

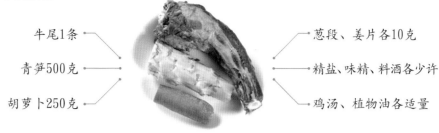

牛尾1条

青笋500克

胡萝卜250克

葱段、姜片各10克

精盐、味精、料酒各少许

鸡汤、植物油各适量

🍥 制作步骤 Zhizuo buzhou

❶胡萝卜、青笋分别去根、去皮,洗净,切成小块。

❷一起放入沸水锅中焯烫至透,捞出,沥去水分。

❸牛尾放入清水中浸泡至软,刮洗干净。

❹由骨节处切断成块,再放入清水锅内,加入葱段、姜片烧沸。

❺用中火煮约5分钟,捞出,用清水漂洗干净,沥去水分。

❻锅中加入少许鸡汤烧沸,放入牛尾煮几分钟,捞出,放入碗中。

❼加入料酒、精盐、少许葱段和姜片,再添满鸡汤,盖上盖。

❽上屉用旺火蒸约2小时至牛尾熟烂,捞出牛尾,放入另一碗中。

❾汤汁倒入锅中,撇去浮油,捞出葱、姜,放入胡萝卜块、青笋块。

❿置火上烧沸,加入味精煮20分钟,出锅倒入牛尾碗中即成。

✿ 材 料 Cailiao

羊里脊肉350克

青菜心50克，老姜块、葱段各15克

香果1个，八角、山柰、香叶各少许

精盐、味精、胡椒粉各1/3小匙

鸡精、白糖、酱油、料酒、南乳汁各1小匙

水淀粉1大匙，植物油3大匙

～ 制作步骤 Zhizuo buzhou

❶青菜心去老叶，洗净，在菜头上剞十字花刀。

❷放入加有少许精盐的沸水锅中焯至断生，捞出，放入煲内。

❸羊里脊肉用清水浸泡，洗去血污，切成4厘米大小的块。

❹净锅置火上，加入清水、羊肉块烧沸，焯烫一下，捞出沥水。

❺锅中加入清水、老姜块、葱段、香叶、八角、山柰、香果烧沸。

❻加入羊肉块、料酒、精盐，用小火炖1小时至熟，捞出羊肉块。

❼净锅置旺火上，滗入少许炖煮羊肉的原汁烧沸。

❽再加入酱油、鸡精、胡椒粉、白糖、植物油、南乳，撇去浮沫。

❾然后放入羊肉块，用小火烧至汤汁浓厚时。

❿用水淀粉勾芡收汁，起锅装入盛有青菜心的煲内即成。

黄焖羊肉

口味 咸香
时间 90分钟

 ▍配料除了油菜外，还可增加其他蔬菜，如洋葱、冬笋、白菜、番茄、萝卜等。油菜要择洗干净，先用沸水焯烫一下，快速捞出后用冷水过凉，沥干水分后放入容器内，再倒入烧焖好的羊肉等一起焖制成菜。▍

Part 7
浓香适口烧烩菜

　　烧是将经过炸、煎、煮或蒸的原料，放入烹制好的汤汁锅里，先用旺火烧沸，再转中小火烧透入味，最后用旺火收稠汁或勾少许芡的一种烹调方法。烧是各种烹调技法中最复杂的一种，也是最讲究火候的，其运用火候的技巧也是最为精湛的。

　　烹调方法之烩，俗称"捞"、"红烩"等，是各大菜系中常用的烹调技法之一。它是将加工成片、丝、条、丁、块等形状的各种生料 (一般有三种或三种以上) ，或者经过初步熟处理的原料，一起放入汤锅中，加入多种调味料，用旺火或中火制成半汤半菜的菜肴。根据成品菜肴的具体要求，烩菜中大部分需要勾芡，少量的不需要勾芡。

烧菜的种类

烧菜是家庭中常见的烹调方法之一。烧菜的种类有多种,其中比较常用的有红烧、干烧、酱烧、葱烧、锅烧、软烧、扣烧、辣烧等。

‹ 红 烧 ›

红烧菜肴根据原料的不同,做法和要求也不相同。一般是先将主料经过焯、煮或炸制,再用配料爆锅后加上汤汁、调味料和主料,用中小火烧至熟透,捞出主料,再用水淀粉勾芡,离火后浇在主料上即成。

红烧的适用范围比较广泛,尤其是对于一些异味重、需要火候的原料特别适合,成品具有色泽红润,鲜咸略甜,质地软嫩,味道醇厚的特点。用此方法可制作红烧鸡块、红烧鱼片、红烧肚块、红烧牛肉、红烧牛尾、红烧牛舌、红烧兔肉、红烧白鳝、红烧大肠等菜肴。

此外,红烧菜肴的调味上色也很重要,一般有糖色红烧菜、酱油上色红烧菜、糖色与酱油上色的红烧菜肴之分。

‹ 酱 烧 ›

酱烧是先将原料加工成条、块等形状,经过炸、煮或蒸制成半成品,再放入加有甜面酱的调味汁锅内,用小火烧至酱汁均匀地包裹在原料表面。酱烧和红烧有相同之处,着重于酱品的使用,常用黄酱、甜面酱、腐乳酱、海鲜酱、排骨酱等。此外,炒酱的火候很重要,要炒出香味,不要欠火候或过火。用此方法可制作酱烧仔鸡、酱烧鸭条、酱烧猪蹄、酱烧黄鱼、酱烧苦瓜、酱烧扁豆、酱烧茄子、酱烧豆腐、腐乳烧肉等菜肴。

‹ 干 烧 ›

干烧是将主料加工成形,经过炸、煎等方法处理后,放入各种配料和调料,用中小火烧制成熟。干烧菜肴不用水淀粉勾芡,在烧制过程中用中小火将汤汁基本收干或收稠,其滋味渗入原料内部或粘附在原料表面的烹调方法。干烧菜肴要求干香酥嫩,色泽美观,入味时间较长,所以味道醇厚浓郁。成菜可撒上少许点缀原料,如小香葱末、香菜段等。用此方法可制作干烧臊子鱼、干烧猪脑花、干烧冬笋、干烧大虾、干烧鸡翅、干烧魔芋、干烧鱼翅、干烧茭白、干烧扁豆、干烧猪肘等菜肴。

‹ 软 烧 ›

软烧是先将主料加工成形,不经过炸或煎,直接放入锅内,加入汤汁和调味料,用中小火烧制入味,再改用旺火收浓汤汁的一种烧制方法。软烧菜肴一般加入白色或者无色调味品,很少放入酱油等有色调味料,以保持主料的本色。用此方法可制作软烧鲇鱼、软烧魔芋、软烧鱼脯、软烧虾仁豆腐、浓汤鱼肚、鸡汁鲜鱿鱼、白汁酿鱼等菜肴。

烩菜的种类

烩菜主要从菜肴的色泽或操作方法上加以分类。如从菜肴色泽来分，白色的称"清烩"，红色的称"红烩"。而从操作方法上，烩菜又可分为汤烩、烧烩和糟烩等。

《 清 烩 》

清烩是将原料先切成各种形状，经过汆、烫、煮等熟处理，再放入烧沸的汤锅内，迅速烩制成菜，撇净浮油后而成的一种烩法。清烩菜肴不勾芡，并且主料要比汤汁多，菜肴具有汤清味鲜、清香沁脾的特色。

清烩特别适用于干货海鲜类原料的烹制，如海参、鱼肚、鱿鱼等。冬笋、蘑菇、木耳等菌类原料也非常适用此技法烹制。用此方法可制作清烩海参片、清烩蘑菇鸡、清烩三鲜海参、清烩干贝鸡丝、海参酥丸、清烩什锦丝等菜肴。

《 烧 烩 》

烧烩是将经过刀工处理的各种原料，经过煮或过油滑熟后，放入汤锅内，加入调味料，用慢火加热成熟并且入味后，用水淀粉勾芡出锅的一种烹调方法。烧烩的特点是汤浓味醇，味道各异，质地分明。适用于容易加热成熟且大小一致的小型原料，各种原料在数量上同样多，不分主次。腥味重、不易加热成熟的动物性原料不宜做烩菜的用料。用此方法可制作烧烩海参、烧烩虾仁、烧烩豆腐、烧烩猪蹄筋、烧烩鸡杂、烧烩千张、烧烩熏鸡丝等菜肴。

《 红 烩 》

红烩是先将各种原料切成丝、条、块或段，用汆、烫、煮、炸等方法加工成熟。再将锅上火，放入汤汁和调味料烧煮至沸，用水淀粉勾芡后，然后投入经过初步熟处理的原料翻拌均匀，出锅即成的一种烹调方法。红烩菜肴具有色泽红润，鲜咸味美的特点，适用于成熟的荤素原料。此外，小海鲜也特别适用此技法进行烹调。用此方法可制作红烩虾仁、红烩海参片、红烩鸡片、红烩什锦、红烩鸭肠、红烩豆腐等。

《 糟 烩 》

糟烩是将各种原料加工成大小相近的形状，经焯水、过油等初步熟处理后，放入汤锅内，加入调味料和香糟（或香糟卤），烩制成半汤半菜的菜肴。糟烩菜肴具有口味清新、色泽淡雅、浓香适口等特点，主要适用于禽蛋、水产、蔬菜、菌藻等食材。用此方法可制作糟烩青虾、糟烩竹笋、糟烩鸡条、糟烩银鱼、糟烩鱼片、糟烩三丝等菜肴。

烧菜制作小窍门

●对于带皮的原料，如猪肘子、带皮猪五花肉、带皮羊腿等，在初步熟处理前，需要先将表面的残毛和污物处理干净，并用清水浸泡，再烧制成菜上桌，以保证成品的卫生及美观。

●烧菜一般需要先将原料进行初步熟处理，其方法有焯、煮、炸等，家庭中可根据菜肴的需要适当选用一种方法。

●将经过初步熟处理的原料放入锅中，加入汤汁和调味品烧制，加热过程中不宜再加入汤汁，以免影响口味。

●火候是制作烧菜的关键之一，在烧制过程中先要用旺火烧沸，再改用小火烧煮并保持微沸的状态。

●对于一些需要勾芡的烧菜，若汤中的油脂太多，可先将油脂撇出再勾芡，这样能增加成菜软嫩鲜香的特点。

●烹制好的烧菜要立即出锅，且不能长时间存放，否则达不到菜肴要求的色泽，口味也会受到影响。

●在制作一些肉类烧菜时，如红烧肉、干烧鱼等，不要过早放盐，易使肉中含有的蛋白质凝固，肉块变硬，且不易烧得熟烂。

●红烧菜的配料一般有葱姜、冬笋、冬菇或猪五花肉，而此配料主要用于肉类及海鲜类原料的烧制，红烧素菜则基本无配料。

●对于葱烧菜肴，葱作为主要配料，其用量应当多一些，一般占主料的3/10左右。而在葱的品种方面，一般选用章丘大葱，其味甘甜，葱味浓厚。

烩菜制作小窍门

●制作烩菜时要掌握好各种原料入锅的先后顺序，耐热的原料先放，而脆嫩的原料要最后放。

●制作烩菜时，在加热过程中一般先用中火烧开，再改用小火慢慢加热成熟，以保持汤汁与原料的融洽。

●对有些本身无鲜味或有异味的原料，可先用鲜汤煨制一下，以便于去异增鲜。对于有些不宜过分加热的原料，可在烩制的后期或出锅前加入，以保证成菜的口感。

●烩制菜肴的时间一般要比烧、焖、煮等菜肴的时间短，以便保持原料的柔嫩及汤汁的鲜美。

●无论是畜肉类原料，还是蔬菜、豆制品，制作烩菜时都必须经过焯水等初步熟处理，以清除原料中的血污浮沫和异味，从而保证成品的口味。

东坡肉

口味 香浓
时间 2小时

原料选用皮薄、肥瘦相间的猪五花肉，经焯煮定型后再用热油炸至上色，然后用直刀切成大小均匀的方块。另外，用酒代替水烧肉，不但能去除腥味，而且能使肉质酥软。

❁ 材 料 Cailiao

带皮猪五花肉1000克

鸡骨架500克

葱段50克，姜块5克，花椒少许

精盐1小匙，冰糖、糖色各2大匙

酱油1大匙，料酒200克

鲜汤1250克，植物油适量

❧ 制作步骤 Zhizuo buzhou

❶ 鸡骨架洗净，剁成四块，放入清水中浸泡片刻，捞出沥水。

❷ 再放入清水锅内烧沸，焯煮5分钟，取出冲净，沥净水分。

❸ 带皮猪五花肉去净绒毛，洗净，切成每块200克的大块。

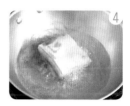

❹ 放入清水锅中烧沸，煮约10分钟，捞出，沥去水分。

❺ 趁热在肉皮上涂抹匀少许料酒和酱油，晾干表面水分。

❻ 锅中加油烧热，肉皮朝下放入油锅中，用热油不断浇淋肉块。

❼ 炸至呈金黄色时，捞出沥油，切成4厘米大小的方块。

❽ 取大砂锅1个，放入鸡骨架，再放入五花肉块，撒上葱段、姜块。

❾ 再加入酱油、精盐、花椒、糖色、冰糖，注入鲜汤淹没肉块。

❿ 置火上烧沸，转小火烧至软烂入味，盛入盘内，淋上汤汁即可。

✿ 材 料 Cailiao

猪大肠750克

大葱100克

花椒5克，精盐
1小匙，味精少许

面粉5小匙，米醋、
料酒、水淀粉各1大匙

酱油、清汤各适量

植物油400克(约耗100克)

∽ 制作步骤 Zhizuo buzhou

❶ 大葱去根和叶，取葱白洗净，切成段，两头剞上花刀。

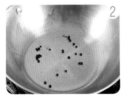

❷ 锅中加油烧热，放入花椒炸糊后捞出，花椒油倒入碗中。

❸ 猪大肠放入清水盆内，加入米醋、面粉揉搓均匀，洗净。

❹ 锅中加入清水、大肠、料酒、少许葱白，用小火煮熟，捞出。

❺ 切成段，放入碗中，加入少许酱油、精盐、味精、料酒拌匀。

❽ 放入炸好的猪肠段，加入清汤、精盐、味精烧至入味。

❾ 用水淀粉勾薄芡，淋入花椒油炒匀，出锅装盘即成。

❻ 锅中加油烧至八成热，放入大肠炸至枣红色，捞出沥油。

❼ 锅留底油烧热，下入葱白段煸炒出香味。

葱烧大肠

口味 葱香
时间 75分钟

 在煮制猪肠时要放入冷水锅内,让猪肠与清水同时升温,这样会使猪肠中的异味随着水温的升高逐渐散发出来。煮猪肠的成熟度要适宜,如过火则降低出品率,欠火则猪肠不烂,可在煮制时用筷子扎一下猪肠,如果猪肠比较容易扎动即表示成熟。

蚬子干烧肉

口味 鲜香
时间 2小时

蚬子干是用鲜活的海蚬子，经过清洗、浸泡、吐沙、煮熟、剥壳、洗肉和晾晒等工序加工而成的海味干品。选购时以蚬子干个体大而完整，肉质肥厚，色泽淡黄，质地干燥为佳。

❀ 材 料 Cailiao

带皮猪五花肉500克

蚬子干200克

葱段1个，姜片15克

味精、胡椒粉各
少许，白糖1小匙

料酒2大匙，酱油3大匙

水淀粉、植物油各适量

❧ 制作步骤 Zhizuo buzhou

❶带皮猪五花肉刮洗
干净，捞出，擦净表面
水分。

❷切成2厘米见方的
小块，放入清水锅中
烧沸，焯烫一下。

❸捞出，用清水冲洗干
净并过凉，沥净水分。

❹蚬子干用清水泡软，
洗净，放在大碗里。加
入少许料酒拌匀，上屉
蒸10分钟，取出。

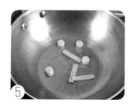

❺锅置火上，加入植物油烧至六成热，下入葱
段、姜片煸出香味。

❻再烹入料酒，放入猪五花肉块煸炒至变色，
油分溢出。

❼氽去锅内余油，加入清水、酱油和白糖，用旺
火烧沸。

❽盖上盖，转小火烧至肉块酥烂入味，掀盖后
拣去葱段和姜片。

❾然后放入蚬子干续
烧10分钟，加入味精、
胡椒粉烧沸。

❿用水淀粉勾薄芡，
出锅装盘即可。

❋ 材 料 Cailiao

猪五花肉400克

香菇25克，海米
20克，鸡蛋1个

大葱、姜块各15克

精盐、味精、白
糖、酱油各少许

料酒、水淀粉、香油各适量

植物油1500克(约耗100克)

∽ 制作步骤 Zhizuo buzhou

❶海米用温水泡软，上屉蒸5分钟，取出沥水，剁成碎粒。

❷香菇泡软，去蒂，洗净，切成小粒，用沸水焯透，捞出。

❸鸡蛋磕入碗中搅匀；大葱洗净，切成段；姜块去皮，拍碎。

❹猪五花肉剔去筋膜，洗净，先切成小粒，再剁成肉蓉。

❺放入大碗中，加入鸡蛋液、料酒、精盐、香油调拌均匀。

❻再放入香菇粒、海米粒和水淀粉调匀，团成直径6厘米的肉丸。

❼锅中加油烧至六成热，放入猪肉丸炸至稍硬，捞入砂锅中。

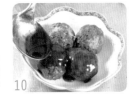

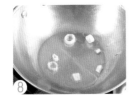

❽锅留底油烧至八成热，下入葱段、姜块炝锅出香味。

❾再烹入料酒，添入清汤，加入酱油、白糖烧沸，倒入砂锅中，置火上烧沸。

❿转小火煮至熟透，捞出肉丸，放入碗中，原汤过滤，放入锅中烧沸，加入精盐、味精，用水淀粉勾芡，浇在肉丸上即可。

红烧狮子头

口味 咸鲜
时间 90分钟

丸子经过微火炖熟后，其表面的肥肉大体溶化但没全部溶化，瘦肉则相对显得凸起，给人一种毛毛糙糙的感觉，因丸子大而表面毛糙，于是称为"狮子头"。

烩丸子

口味 鲜嫩

时间 35分钟

如用绞肉机制作牛肉馅，需要注意，牛肉在绞碎过程中会有水分流失，若想要做出柔软适口的牛肉丸，加水是不可少的事情，一般每500克牛肉馅需要加50克水并充分拌匀，制作而成的牛肉丸子会有上好的口感。

✿ 材 料 Cailiao

牛腩肉400克

胡萝卜50克

香菜15克，鸡蛋1个

精盐2小匙，味
精、鸡精各1小匙

淀粉、水淀粉、香油各少许

老汤、植物油各适量

❧ 制作步骤 Zhizuo buzhou

❶胡萝卜去皮，洗净，先切成长条片，再切成菱形小块。

❷香菜择取嫩叶，洗净；鸡蛋磕入碗中，搅打均匀成蛋液。

❸牛腩肉剔去筋膜，洗净，沥净水分，切成小粒，再剁成蓉。

❹放入碗中，加入精盐、味精、鸡精、鸡蛋液、淀粉搅匀成馅料。

❺再挤成直径3厘米大小的丸子，滚沾上少许淀粉。

❻锅中加油烧至六成热，放入丸子炸至金黄色，捞出沥油。

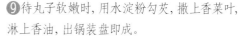

❽再放入胡萝卜块烧烩，然后加入精盐、味精、鸡精，转小火炖熟。

❾待丸子软嫩时，用水淀粉勾芡，撒上香菜叶，淋上香油，出锅装盘即成。

❼净锅加入老汤烧沸，放入丸子煮沸，撇去表面浮沫和杂质。

❀ 材 料 Cailiao

猪排骨1000克

洋葱1个

白糖、白醋、
橘汁各1大匙

酱油、料酒各3大匙

香油1/2小匙,猪骨汤750克

植物油1000克(约耗150克)

∽ 制作步骤 Zhizuo buzhou

❶洋葱剥去外皮,用清水洗净,切成滚刀块。

❷锅中加入少许植物油烧热,放入洋葱块煸炒片刻,盛出。

❸猪排骨用清水浸泡并洗净,剁成大小均匀的小块。

❹锅中加入清水,放入排骨块烧沸,焯烫一下,捞出沥水。

❺放入大碗中,加入适量料酒和酱油抓拌均匀,稍腌。

❻锅中加入植物油烧至七成热,下入排骨块炸3分钟,捞出沥油。

❼净锅复置火上烧热,烹入白醋,放入排骨块翻炒几分钟。

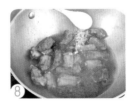

❽再倒入猪骨汤,加入剩余的料酒、白糖、酱油烧沸。

❾然后转小火烧烩约30分钟至排骨熟烂入味。
❿放入洋葱块,用旺火收汁,淋上橘汁、香油推匀,出锅装盘即可。

红煨猪排

口味 咸香
时间 60分钟

 在腌渍排骨时要用双手抓匀，使排骨更容易腌渍入味。另外，腌渍好的排骨含有较多水分，放入油锅内炸制时，油花容易四溅烫伤手，可戴上橡胶手套以防烫伤。

大蒜烧鲇鱼

口味 鲜香
时间 45分钟

鲇鱼因其表皮黏液腺发达，分泌大量黏液，滑腻异常，故又有黏鱼之俗称。鲇鱼虽然一年四季都有出产，但以9～10月出产的鲇鱼最为肥嫩，而且质量最好。因鲇鱼的鱼头味腥，在烹调前必须洗净，并用沸水焯后以去掉鲇鱼的腥气味道，此为烹制鲇鱼菜肴的关键。

❀ 材 料 Cailiao

鲇鱼1条,大蒜150克

泡椒50克,香菜15克

白糖1小匙,胡椒粉、味精各1/2小匙

料酒、酱油各2小匙

豆瓣酱、植物油各3大匙

水淀粉75克,肉汤500克

❀ 制作步骤 Zhizuo buzhou

❶大蒜剥去外皮,用清水洗净,沥净水分。

❷泡椒去蒂,切成碎末;香菜取嫩香菜叶,洗净,沥水。

❸鲇鱼宰杀,去鳃,剖腹去内脏,用少许精盐涂抹鱼身。

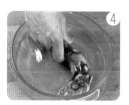

❹再放入清水盆内,反复洗涤整理干净,擦净鲇鱼身上黏液。

❺放在案板上,从尾部起刀,切成3厘米宽的段(不要切断)。

❻锅中加入植物油烧热,下入豆瓣酱、泡椒末炒红。

❽然后放入鲇鱼、味精、白糖、胡椒粉烧焖至熟烂,捞出鲇鱼装盘。

❾锅内汤汁烧沸,用水淀粉勾芡,浇在鲇鱼上,撒上香菜叶即可。

❼再放入大蒜瓣煸炒至金黄色,烹入料酒,添入肉汤烧沸。

❀ 材 料 Cailiao

鲜牛蹄筋500克

白菜200克

葱段、姜片各10克，
八角、桂皮各3克

精盐、味精、冰糖、
胡椒粉、香油各少许

白糖、料酒、酱油各1大匙

淀粉适量，植物油3大匙

〰 制作步骤 Zhizuo buzhou

❶白菜去根和老叶，洗净，沥净水分，切成细丝。

❷锅中加入植物油烧至八成热，放入白菜丝煸炒至软。

❸加入少许精盐和味精炒匀，出锅装在盘子的两端。

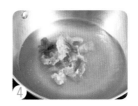

❹鲜牛蹄筋去掉杂质，用温水浸泡，洗净，再放入沸水锅内焯烫一下。

❺捞出沥水，放入碗中，加入少许料酒、葱段、姜片，上屉蒸熟。

❻取出牛蹄筋，沥去水分，切成4厘米大小的段。

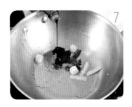

❼锅中加油烧至七成热，下入葱段、姜片、八角、桂皮炝锅，烹入料酒，加入酱油、白糖、冰糖、精盐。

❽添入清汤烧沸，再放入牛蹄筋略煮，撇净浮沫，转小火烧至入味且汤汁稠浓。

❾拣去葱、姜、八角、桂皮，加入味精、胡椒粉调味，转旺火收浓汤汁。

❿用水淀粉勾薄芡，淋入香油，出锅盛在白菜丝中间即成。

红烧牛蹄筋

口味 咸鲜
时间 80分钟

除了用炒的方法加工白菜外，家庭中也可以把白菜丝放入沸水锅内，加入少许精盐和食用油焯烫至熟，捞出沥水，码放在盘内，再放入烧好的牛蹄筋条即可。

烧元蹄

口味 咸香
时间 90分钟

收拾干净的猪肘先放入清水锅内烧沸，再用小火煮制，捞出后要趁热在表面涂抹上酱油或甜面酱，再放入热油锅内炸至金黄色。炸制时要盖上锅盖，以免热油溅出烫伤。

❇ 材料 Cailiao

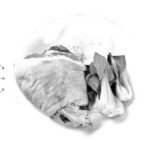

净猪肘1只(约1000克)

油菜心150克

葱段、姜片各
10克,蒜蓉5克

白糖、五香粉各少许

酱油、豆腐乳各2大匙

料酒1大匙,植物油
1500克(约耗75克)

∽ 制作步骤 Zhizuo buzhou

❶油菜心洗净,在根部剞上十字花刀,放入热油锅中炒熟,盛出。

❷料酒、白糖、五香粉、蒜蓉、豆腐乳、酱油放入碗中调成味汁。

❸猪肘子刮洗干净,放入清水锅内焯烫一下,捞出过凉。

❹再放入清水锅中煮至八分熟,捞出沥干,在表面抹上酱油。

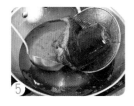

❺锅置火上,加入植物油烧至八成热,放入猪肘炸至金黄、表皮发脆。

❻捞入汤锅中,置火上煮约5分钟,捞出,在内侧剞上十字花刀。

❼把猪肘皮朝下放入碗中,浇入汤汁,撒上葱段、姜片。

❽放入蒸锅内,用旺火蒸至熟烂,取出,拣去葱、姜,滗出汤汁。

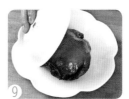

❾扣入盘中,四周围上炒好的油菜心。

❿蒸猪肘的汤汁入锅烧沸,淋上香油,出锅浇在猪肘上即可。

❀ 材 料 Cailiao

水发海参500克，大葱100克

八角1个，花椒3克

精盐、味精各少许

葱油1小匙，料酒2小匙，酱油2大匙

水淀粉、熟猪油各1大匙

清汤150克，植物油500克（约耗40克）

∿ 制作步骤 Zhizuo buzhou

❶大葱取葱白洗净，沥去水分，切成5厘米长的段。

❷花椒洗净，沥水，放入热锅中炒出香味，取出，压成粉末。

❸水发海参去掉内脏和杂质，用清水洗净，沥去水分。

❹放入清汤中浸泡，捞出沥净，切成长条。

❺锅中加入植物油烧至九成热，下入海参条滑油，捞出沥油。

❻锅置旺火上，放入熟猪油烧至八成热，下入八角炸煳后捞出。

❽然后烹入料酒，加入精盐、酱油、花椒粉、清汤烧烩至入味。

❾撒上味精，用水淀粉勾薄芡，淋入热葱油，出锅装盘即可。

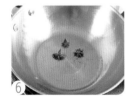

❼放入葱白段，用中火不断翻炒至微黄，再放入海参条炒匀。

葱烧海参

口味 葱香
时间 25分钟

 ‖‖‖海参品种很多, 但大体上可分为两类: 一类是体表生有肉疣的参, 多为黑色, 名为"刺参"或 "黑参"; 一类是体表无肉疣的参, 多为白色和灰色, 名为"白参"。海参除了可以用热油焯烫外, 也可以用清水焯烫, 但需注意, 海参要放入冷水锅内, 不宜直接放入沸水锅中焯烫。‖‖‖

Part 8
滋补营养汤煲羹

　　汤煲是我国菜肴的一个重要组成部分, 在我国南北方菜肴中占有重要地位, 是中国传统菜肴的一种形式。它既可作正餐, 又可作佐餐, 是极富营养、最易消化的一种食物。

　　汤煲又分为汤菜和羹菜。汤菜就是将加工成形的各种食材, 放入汤锅内煮制而成, 成菜过程中无徐勾芡。羹菜是指将切制成各种形状的食材放入汤锅内烧煮入味, 用水淀粉(或鸡蛋液、米粉液等) 勾成浓稠的芡汁后食用, 具有汤浓味醇、口感光滑的特点。

　　汤煲使用的食材种类很多, 其中家庭中常见的有菌藻、豆制品、蔬菜、水果、家禽、畜肉和水产品等。

汤汁的七大秘诀

《选料新鲜》

制作各种汤汁，如清汤、奶汤等均要用鸡、鸭，但以用老母鸡、老公鸭为宜。其他如猪排骨、猪肚、猪肘以及制鱼汤的鲜鱼等，均要求新鲜、干净；火腿蹄子、火腿棒骨等也要求保持其应有的颜色和味道。

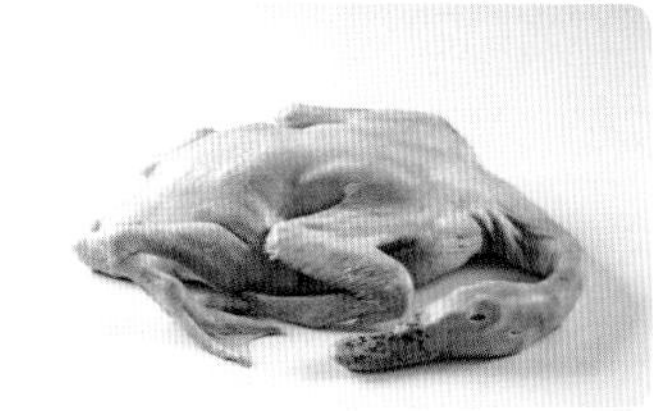

《冷水入锅》

动物性食材富含蛋白质和脂肪等营养物质，这些营养物质如果突然遇到高温会马上凝固，形成外膜，阻碍食材内部的营养物质的外溢。食材放入冷水锅中烧煮，由于冷水变成沸水需要一个过程和时间，而这个过程可为营养素从食材中溢出创造条件，从而使汤汁味道越来越鲜美。

《时间长短》

要使食材中的营养素充分溢出进入汤汁内，一般需要较长的时间来制汤，但不是越长越好。一般地说，若用肉用型鸡或碎猪肉等食材，时间为2小时；若用猪棒骨、火腿骨头、老母鸡或猪爪等，时间为3～4小时。

《清淡爽美》

要想汤清、不浑浊，必须用微火煮制，因为大滚大开，会使汤里的蛋白质分子凝结成许多白色颗粒，汤汁自然就浑浊不清了。如果汤汁太咸了，可以把一些大米装入煲汤袋或小布袋里，放入汤中一起煮一下，盐分就会被吸收进去。对于油脂过多的原料煮出来的汤，如果感觉油腻，可将少量紫菜置火上烤一下，撒入汤内，可解油腻。

《除异增鲜》

用于制汤的食材，大多有不同程度的腥味和异味，因此，在制汤时应加入一些去腥食材以除去异味，增加鲜味。如制清汤，应酌加姜、葱和料酒；熬煮鱼汤可加入几滴牛奶，可去除鱼的腥味等。

《不加冷水》

在制作汤汁时要一次性把水量加足，如果需要加水，也要加入热水，而不要中途加入冷水。因为加入冷水会破坏汤汁中的温度平衡，使遇冷的食材表面紧缩形成薄膜，影响滋味的释出。

《撇净浮沫》

汤中的浮沫多来源于食材中的血红蛋白、表面污物和水中的水垢等，当水温在80℃时，这些物质会飘浮在汤的表面，此时要用手勺将浮沫撇去，直至撇净为止，以免影响汤汁的色泽和气味。

汤煲的汤汁

俗语说："唱戏的腔，厨师的汤"，汤羹类菜肴离不开鲜美的汤汁。制汤作为烹调常用的调味品之一，其质量的好坏，不仅会对菜肴的美味产生很大影响，而且对菜肴的营养更是起到不可缺少的作用。

制汤就是把蛋白质、脂肪含量丰富的食材，放入清水锅中煮制，使蛋白质和脂肪等营养素溶于水中成为汤汁，用于烹调菜肴或制作汤羹菜肴使用。根据各种汤不同的食材和质量要求，汤主要分为清汤、奶汤、素汤等多种。

《 清汤 》

将猪棒骨用砍刀剁断。　放入清水中洗净，沥去水分。

鸡骨架放入容器中，加入温水。稍凉后洗净，捞出沥水。　鸡胸肉剔去筋膜，剁成细蓉。

放入清水锅中，用小火煮2小时。捞出杂质，加入鸡肉蓉提清。

鸡骨架、棒骨焯烫一下，捞出。待鸡蓉变色、浮起时，捞出。　反复数次，再过滤后即为清汤。

《 奶汤 》

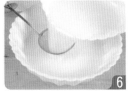

①鸡骨架收拾干净，剁成大块，放入清水锅中，加入葱、姜焯烫一下，捞出。
②再放入清水锅中，加入葱、姜、料酒煮沸，撇沫，煮至汤汁乳白色时，过滤即成奶汤。

《 素清汤 》

取鲜笋根部切成大块。

与水发香菇、黄豆芽一起洗净。放入锅中, 加足量的清水烧沸。

再转微火保持汤面微沸。

煮约2小时, 离火过滤后即成。

《 黄豆芽汤 》

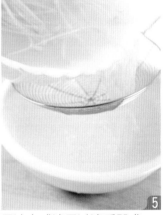

将黄豆芽择洗干净, 沥去水分。放入油锅中煸炒至豆芽发软。

加入冷水 (水量要宽) 并加盖。用旺火熬煮至汤汁呈浅白色。用洁布或滤网过滤后即成。

《 猪蹄汤 》

撇去浮沫, 用旺火约煮2小时。

猪蹄刮洗干净, 剁成大块。

放入冷水锅, 加葱、姜烧沸。

捞出猪蹄 (另用) 和杂质即成。

香菇鸡脚汤

口味 鲜香
时间 20分钟

我们知道鸡爪本身有一股土腥味，要想去除这种味道，在烹调鸡爪菜肴前需要将鸡爪进行漂洗。首先要将鸡爪上的黄色小茧块去掉，其次是将鸡爪上残留的黄色"外衣"去掉，可保证成菜的风味。

✿ 材 料 Cailiao

鸡爪300克

香菇50克,葱段15克

香菜、姜片各10克

八角1粒,精盐1小匙

味精、鸡精各1/2小匙

植物油、熟鸡油各少许

❧ 制作步骤 Zhizuo buzhou

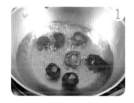

❶香菇用清水泡软,去蒂,洗净,放入沸水中焯透,取出,切成片。

❷香菜取嫩香菜叶,用清水洗净,沥去水分。

❸鸡爪去除老皮和黄膜,斩去爪尖,放入清水中浸泡,洗净。

❹再放入清水锅中烧沸,煮约5分钟,捞出过凉,沥水。

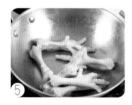

❺锅中加入植物油烧至七成热,放入鸡爪用旺火煸炒片刻。

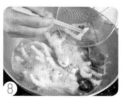
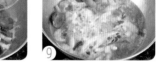

❽待鸡爪、香菇熟透时,捞出葱、姜和八角不用,调入味精。

❾最后加入鸡精,淋入熟鸡油调匀,撒上香菜叶,盛入碗中即可。

❻再下入葱段、姜片、八角炒匀,添入适量清水烧沸。

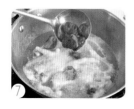

❼转小火煮10分钟,然后放入香菇和精盐,用中火煮透,撇去浮沫。

❋ 材 料 Cailiao

猪五花肉200克
菠菜、黄瓜各50克
鸡蛋清1个

精盐、味精各1小匙
胡椒粉、淀粉、料酒各少许
鸡汤、香油各适量

🐌 制作步骤 Zhizuo buzhou

❶菠菜去根和老叶，洗净，沥净水分，切成4厘米长的小段。

❷黄瓜洗净，擦净水分，先顺长切成两半，再切成象眼片。

❸猪五花肉剔去筋膜，洗净，先切成黄豆大小的粒，再剁成蓉。

❹放入碗中，加入鸡蛋清、料酒、精盐、味精、淀粉搅匀成馅。

❺锅中加入鸡汤烧沸，将肉馅挤成直径2厘米大小的丸子。

❻放入鸡汤中煮3分钟至丸子浮于水面，撇去表面浮沫。

❼再加入精盐、味精、料酒调好口味，放入黄瓜片、菠菜叶煮沸。

❽撇去浮沫，撒上胡椒粉，淋入香油，即可出锅装碗。

菠菜丸子汤

口味 鲜香
时间 30分钟

 猪五花肉要去筋膜，剁成细蓉，先加入精盐拌匀上劲，再加入鸡蛋清等搅匀成馅料，制成大小均匀的丸子，放入汤锅内煮熟即可，注意不要煮老。

三鲜排骨汤

口味 鲜香
时间 90分钟

排骨先剁成大小均匀的小块，放入清水锅内焯烫一下，捞出沥去水分，要趁热加上少许精盐等调拌均匀，再放入炝好的锅内，用旺火煸炒出水分。煸炒时动作要迅速，注意不要煳锅。另外，煸炒好的排骨块要滗去油分，再加入猪骨汤等烧煮成汤汁上桌。

❄ 材 料 Cailiao

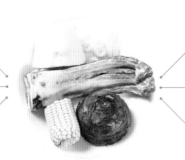

猪排骨300克

冬瓜100克

小芋头、老玉米各75克

葱段、姜片各10克

精盐、味精各1/2小匙

料酒1大匙，植物油2大匙，骨汤1000克

〰 制作步骤 Zhizuo buzhou

 ❶冬瓜去皮、去瓤，洗净，切成3厘米大小的块。

 ❷芋头去皮，洗净，一切两半，放入清水中浸泡。

 ❸玉米洗净，切成2厘米厚的圆块，从中间剁开成半圆块。

 ❹排骨洗净，顺骨缝切成长条，再剁成3厘米长的小段。

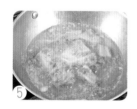  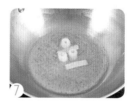 

❺锅置火上，加入清水，放入排骨块烧沸，焯煮出血水，捞出沥干。

❻放入大碗中，加入少许精盐、料酒、植物油翻拌均匀。

❼锅置火上，加入植物油烧至四成热，下入葱段、姜片炒香。

❽放入排骨块，用旺火煸炒片刻，再添入猪骨汤烧沸。

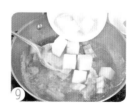 ❾然后放入冬瓜块、芋头块、老玉米烧煮至沸。

 ❿转小火炖1小时至熟，加入精盐、味精调味，即可出锅装碗。

✳ 材 料 Cailiao

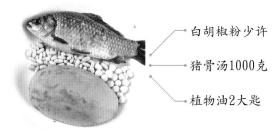

活鲫鱼2条，木瓜1个
莲子、眉豆各20克
精盐、味精、料酒各1/2小匙

白胡椒粉少许
猪骨汤1000克
植物油2大匙

🍂 制作步骤 Zhizuo buzhou

❶莲子洗净，放入清水盆内泡透，捞出，去掉外膜、莲子心。

❷眉豆放入清水中浸泡2小时；木瓜去皮、去瓤，切成小块。

❸鲫鱼宰杀，刮去鱼鳞，去掉鱼鳃，剖腹去内脏和杂质，洗净。

❹用洁布揾干水分，在鲫鱼表面剞上一字花刀，放入容器中。

❺加入少许精盐、料酒、味精、植物油拌匀，腌渍10分钟。

❻锅中加入植物油烧至七成热，放入鲫鱼煎至两面呈微黄色。

❼滗去余油，倒入猪骨汤，用旺火烧沸，撇去表面浮油和杂质。

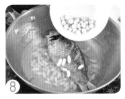
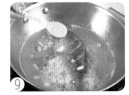

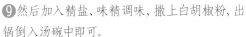

❽放入莲子和眉豆，转小火煮约1小时，再放入木瓜块煮约10分钟。

❾然后加入精盐、味精调味，撒上白胡椒粉，出锅倒入汤碗中即可。

木瓜莲子煲鲫鱼

口味 鲜甜
时间 90分钟

制作时要先把鲫鱼加入适量的调味料腌拌入味，再放入热油锅内煎上颜色。煎时动作要轻，一面煎好后再翻面煎另一面，不要把鲫鱼煎煳或煎散。煲制时需要注意，先把鲫鱼和莲子等煲煮至熟，再放入木瓜块煮出香味，然后加入精盐等调料调好口味，精盐等不宜过早放入。

萝卜排骨汤

口味 鲜香
时间 65分钟

排骨根据部位的不同可分为多种，其中小排是指猪腹腔靠近肚腩部分的排骨，小排的上边是肋排和仔排，仔排是指腹腔连接背脊的部分，而肋排是胸腔的片状排骨。腔骨是指猪的背脊骨，肉质嫩而不油腻，但是由于形状不整齐，即使剁小块也不适合做菜，所以多用于制作汤羹。

材料 Cailiao

猪排骨、白萝卜各500克

香菜15克

红枣8枚

枸杞、葱花、姜片各10克

精盐、鸡精各1小匙

胡椒粉1/2小匙

制作步骤 Zhizuo buzhou

❶萝卜削去外皮，洗净，切成菱形块，放入清水中浸泡。

❷红枣用温水泡软，去掉枣核；枸杞用清水泡软，洗净，沥水。

❸香菜去根和老叶，洗净，沥去水分，切成碎末。

❹排骨用清水浸泡并洗净，捞出沥水，剁成3厘米大小的块。

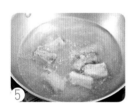

❺放入清水锅中烧沸，焯去血水，捞出，用温水冲净。

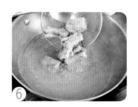

❻锅置火上，加入清水和猪排骨烧沸，用小火煮30分钟。

❼撇去浮沫，再放入白萝卜块、姜片、红枣、枸杞略煮片刻。

❽然后加入精盐、鸡精调味，盖严锅盖，用小火炖至萝卜熟烂。

❾撒入胡椒粉，加入香菜末、葱花，离火出锅，倒在碗里即成。

❀ 材 料 Cailiao

老鸭1只
笋干250克
火腿50克

葱段、姜片各15克
精盐、料酒各1小匙
味精1/2小匙

✋ 制作步骤 Zhizuo buzhou

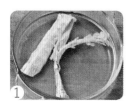

❶笋干用清水洗净，再放入温水中泡发。

❷火腿洗净，切成大片，放在大碗里，加入笋干。

❸上屉用旺火蒸约30分钟，捞出沥水。

❹老鸭去除内脏和杂质，洗涤整理干净，捞出。

❺锅置火上，加入清水，放入老鸭烧沸，焯烫至透，捞出，沥去水分。

❻取一汤煲，把老鸭胸脯朝上放入煲内，注入清水淹没老鸭。

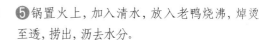

❼摆上笋干、火腿片，放入葱段、姜片，加入料酒，盖上煲盖。

❽置旺火上烧沸，转小火煲约40分钟至老鸭熟烂。

❾再加入精盐、味精，撇去表面浮油，继续煲约10分钟。

❿开盖后捞出葱段、姜片不用，直接上桌即成。

笋干老鸭煲

口味 咸香
时间 2小时

 ▌▌▌▌笋干老鸭煲是浙江传统风味汤菜，制作上需要把老鸭收拾干净，放入砂锅内，搭配浙江特产的笋干以及火腿等，烧沸后要撇去浮沫，盖上盖后要用小火煮至熟烂入味即可。▌▌▌▌

海带豆腐排骨汤

口味 咸鲜
时间 75分钟

在制作排骨汤时,可在烧沸的锅内加入少许醋,使骨头中的磷、钙等矿物质溶解在汤内,这样做出来的汤既味道鲜美,又利于肠胃吸收。要使海带煮得软烂,可把干海带直接入屉生蒸,取出后用清水浸泡并洗净,再制作成菜肴,海带就很容易煮烂。

❀ 材 料 Cailiao

猪排骨200克

大豆腐2块

黄豆芽100克,海带50克

葱段15克,姜片10克

精盐2小匙,味精少许

植物油1大匙

❀ 制作步骤 Zhizuo buzhou

❶猪排骨洗净,先顺骨缝切成长条,再剁成3厘米大小的块。

❷放入清水锅中烧沸,焯烫出血水,捞出,用冷水冲净,沥水。

❸豆腐用淡盐水浸泡,洗净,切成小块;黄豆芽择洗干净。

❹海带洗净,放入盘内,上屉用旺火蒸10分钟,取出晾凉。

❺切成菱形小块,再放入沸水锅中焯烫一下,捞出,沥去水分。

❻锅中加入植物油烧至七成热,下入葱段、姜片煸炒出香味。

❽转小火炖约30分钟至排骨八分熟,再放入豆腐、海带、黄豆芽。

❾烧煮至熟烂,然后加入精盐、味精调味,盛入汤碗中即可。

❼添入清水烧沸,捞出葱姜,放入猪排骨块稍煮,撇去浮沫。

❀ 材 料 Cailiao

豆腐1块，蟹肉棒、虾仁各30克

熟火腿、熟猪肚、水发冬笋、香菇各25克

海参1个，青豆10克，虾子5克

精盐、味精、胡椒粉各1小匙

白糖、酱油、料酒、水淀粉各少许

清汤、植物油各适量

➴ 制作步骤 Zhizuo buzhou

❶虾仁、熟火腿、熟肚、水发海参、冬笋、香菇均切成小丁。

❷锅中加水烧沸，倒入火腿、香菇、海参、冬笋、猪肚丁焯烫一下，捞出。

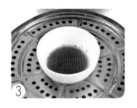

❸虾子洗净，放入碗中，加入少许料酒，上屉蒸5分钟，取出。

❹豆腐片去四周老皮，用清水浸泡，洗净，切成1厘米见方的丁。

❺放入沸水锅中煮约2分钟，倒入漏勺中沥去水分。

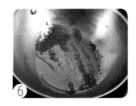

❻锅中加入植物油烧至六成热，放入虾子，用小火炒出香味。

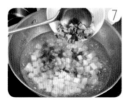

❼倒入清汤烧沸，放入豆腐、火腿、香菇、海参、冬笋和猪肚丁。

❽加入料酒、精盐、酱油烧沸，撇去浮沫，用水淀粉勾芡，出锅装碗。

❾锅中加入植物油烧至六成热，放入虾仁、蟹肉和青豆炒熟。

❿加入料酒、精盐、白糖、味精炒匀，倒入碗中，撒上胡椒粉即可。

什锦豆腐羹

口味 鲜香
时间 30分钟

豆腐要切成小丁，放入清水锅内焯煮一下以去除豆腥味，再烧煮成羹。此外，各种配料要收拾干净，切成比豆腐稍小的丁，也要放入清水锅内焯烫一下，再搭配烧煮成汤羹。

蚬干鲫鱼汤

口味 鲜香
时间 60分钟

蚬干是贻贝科动物厚壳贻贝或其他贻贝类的贝肉,鲜活贻贝是大众化的海鲜品,收获后不易保存,所以一般采用煮熟去壳晒干加工制作,因煮制时没加盐而得淡菜之名。

❋ 材 料 Cailiao

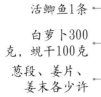

活鲫鱼1条

白萝卜300
克，蚬干100克

葱段、姜片、
姜末各少许

精盐1小匙，味精1/2小匙

料酒1大匙，香醋2小匙

植物油100克

❧ 制作步骤 Zhizuo buzhou

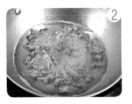

❶白萝卜去根，洗净，削去外皮，先切成薄片，再切成细丝。

❷蚬干用温水泡发，放入沸水锅内焯烫一下，捞出沥干。

❸鲫鱼宰杀，去鳃、去鳞，剖腹去内脏，用清水洗净。

❹放入沸水中焯烫一下，捞出，用冷水过凉，刮去黑膜。

❺在鱼身两面分别剜上一字花刀，涂抹上少许精盐。

❻锅置火上，加入植物油烧至七成热，放入鲫鱼煎至两面微黄。

❼烹入料酒，加入葱段、姜片及适量清水烧沸，撇去浮沫。

❽再放入蚬干煮至乳白色，然后放入萝卜丝用旺火烧沸。

❾加入精盐、味精调好口味，出锅倒在大汤碗里。

❿香醋、姜末放入小碗中调匀成味汁，与鲫鱼一同上桌即可。

❀ 材 料 Cailiao

墨鱼肉350克 •
油菜100克,鸡蛋清3个 •
精盐1小匙,
味精1/2小匙 •

• 淀粉1大匙
• 葱姜汁、熟鸡油各2小匙
• 料酒2大匙,鸡汤750克

➳ 制作步骤 Zhizuo buzhou

❶油菜去根和老叶,洗净,沥净水分,在根部剞上十字花刀。

❷放入加有少许精盐的沸水锅中焯烫一下,捞出,放入汤碗中。

❸墨鱼肉撕去筋膜,洗净,先用刀背敲松,再斩成极细的蓉泥。

❹放入碗中,加入鸡蛋清搅匀,再加入葱姜汁、少许料酒调匀。

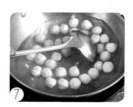

❺然后加入少许精盐、味精、淀粉搅匀至上劲,挤成桂圆大小的丸子。

❻锅中加入清水,先下入墨鱼圆,再置火上逐步加热至近沸。

❼用手勺在底部推转鱼圆翻身,使其受热均匀,撇去浮沫。

❽再转小火煮制(保持水微沸),慢慢焐熟,捞出沥水。

❾锅中加入鸡汤、精盐、料酒烧沸,放入墨鱼圆,撇去浮沫。

❿加入味精,倒在盛有油菜的汤碗内,淋入熟鸡油即成。

清汤墨鱼圆

口味 鲜香
时间 30分钟

墨鱼肉要去掉筋膜，洗净，先用刀背剁至松软，再用刀面拍成细蓉。调制墨鱼丸时要先加入鸡蛋清和葱姜汁拌匀，再加入精盐朝同一方向充分拌匀上劲。

Part 9
营养美味好主食

　　主食包含的内容非常广泛，从广义上讲，泛指用各种粮食 (大米、小麦、杂粮)、豆类、果品、鱼虾等为皮原料，配以各种馅心 (有的不用馅心) 制作的各种面食、小吃和点心; 从狭义上讲，特指利用面粉、米粉及其他杂粮调成面团制作的面食小吃和各种点心。

　　主食是构成中国烹饪体系两大组成部分之一，具有悠久的历史，并且在长期的发展中，经过历代厨师的不断实践和广泛交流，创造了品种繁多、口味丰富、形色俱佳的家常主食。家常主食的原料主要有面粉、大米、米粉等，制作馅料常用蔬菜、畜肉和水产品等，而配料一般包括干果、鲜果和调味料等。

米的基础知识

如果从米质的特性作为米的分类标准,我们常吃的米大概可分为粳米、籼米、糯米、黑米、小米、薏米等。其中粳米为五谷之长,为人们经常食用的米类之一,其外形一般呈椭圆形颗粒状,比较圆胖,呈半透明,表面光亮,腹白度较小,在我国各地均有比较广泛的栽培。

《 大米的营养成分 》

大米中含有大量的淀粉,淀粉在体内消化吸收后产生能量,供应人体的生命活动,特别是大脑和神经系统的活动只喜欢使用淀粉水解产生的葡萄糖来供应能量,而不喜欢用脂肪产生的能量。

大米里面还含有7%～8%的蛋白质。据计算,对于一个在办公室工作的成年人来说,如果每天吃400克大米煮成的饭,就能获得30克蛋白质,相当于每日需要量的1/2左右。

大米中还含有人体必需的维生素B_1、维生素B_2、维生素PP,以及钾、磷等矿物质。维生素B_1对于人们的工作效率和情绪都很重要,如果缺了它,人就会感觉疲乏无力、肌肉酸痛、腿脚麻木、情绪沮丧。与其他主食相比,大米中的维生素和矿物质都比较少,比吃面食和杂粮更容易缺乏营养素。

《 大米的安全选购 》

市场上大米的品种越来越多,使人们在购买的时候眼花缭乱,无所适从。不过只要按下面的原则来选米,就没有问题了。

看硬度:大米粒硬度主要是由蛋白质的含量决定的,米粒的硬度越高,蛋白质含量越高,透明度也越高。一般新米比陈米硬,水分低的米比水分高的米硬,晚稻米比早稻米硬。

看黄粒:米粒变黄是由于大米中某些营养成分发生了化学反应,或者是由大米粒中所含的微生物引起的。这些黄粒米的香味和口感都较差,所以选购时,必须观察黄粒米的多少。

看腹白:大米腹部常有一个不透明的白斑。腹白小的米是将籽粒饱满的稻谷加工出来的,用不够成熟的稻谷加工出来的米,则腹白较大。

看新陈:一般情况下,表面呈灰粉状或有白道沟纹的米是陈米,其量越多则说明大米越陈旧。捧起大米闻一闻气味是否正常,如有发霉的气味说明是陈米。

《 特色大米常识 》

如今的市场上可以看到成袋装的免淘米、营养强化米、留胚米、胚芽米、有机大米、绿色大米等特色品种。免淘米在加工的时候吹去了沙石和尘土,非常干净,不用淘洗就能下锅,减少了营养损失和风味损失。营养强化米当中添加了特定的维生素和矿物质。留胚米、胚芽米等则把米胚当中的宝贵蛋白质、B族维生素、维生素E和锌等成分保留下来,营养价值大大超过普通精白米。

煮粥焖饭小窍门

为什么有时候我们煮的粥不浓稠? 炒饭的米粒黏连在一起? 蒸米饭如何软硬适度? 下面我们就为您介绍一些煮粥焖饭的小窍门。

《 煮米粥质量高的窍门 》

一次加水法: 一次性将水加足, 不中途加水和搅动。中途加水, 将影响米的黏稠性; 中途搅动, 将会使米粥粘锅底, 甚至煳锅。

旺火烧沸文火熬煮法: 煮粥时, 先用大火烧开, 再改用文火慢慢熬煮。一方面可避免溢锅, 使粥中的营养随米汤溢出; 另一方面可防止米煮不透(米粒中心未熟透)而水熬干, 使熬出的粥干厚而不入味; 同时还可防止煳锅, 从而影响粥的质量。

《 蒸煮米饭小窍门 》

1. 夏天煮饭时加入少量食醋或柠檬汁(约1.5千克大米加入2～3毫升), 蒸煮出来的米饭更加洁白, 不易变质, 也无酸味。

2. 焖米饭时在水中加入几滴植物油或动物油, 不仅米饭松散、味香, 还不会煳锅底。

3. 蒸煮米饭时, 可放入2%的麦片或豆类一起蒸煮, 成熟米饭不但好吃, 而且营养丰富。

4. 剩饭再蒸时, 可以在米饭内加少许精盐调匀, 这样蒸出的饭和新蒸的饭一样可口。

5. 用陈米蒸饭, 需要用清水浸泡2小时, 捞出沥干, 再放入锅中, 加入适量热水和1汤匙猪油搅匀, 用大火煮沸后改用小火焖制, 成熟后的米饭味道同用新米焖制的一样新鲜。

《 巧用高压锅焖米饭不粘锅底 》

用高压锅做米饭, 不仅饭香, 而且省时, 但易粘锅底并且很难刷洗干净。米饭焖熟后, 高压锅内存有大量蒸汽, 如果让这些蒸汽慢慢自然放出, 再拿掉限压阀, 打开锅盖, 米饭就不会粘锅。如果急等着吃, 不等蒸汽自然放完就拔掉限压阀让蒸汽一下子全喷出来, 此时打开高压锅盖, 便会有一层米饭粘在锅底, 很难铲掉。只要在第一次盛饭后把锅盖再盖严, 不加限压阀, 到第二次盛饭时再打开锅盖就很容易铲掉了。

家常主食的熟制方法

主食熟制是家常主食制作的最后一道工序。主食熟制就是运用各种方法, 将加工成形的生坯加热, 使其在热量的作用下发生一系列的变化, 成为色、香、味、形具佳的熟制品。

主食熟制方法主要有蒸、煮、炸、煎、烤、炒等单加热法, 以及为了适应特殊需要而使用的蒸、煮后煎、炸、烤; 蒸、煮后炒或烙等综合加热法。从大多数品种看, 仍以单加热为主, 这是因为单加热法, 有利于保持制品形态完整, 内外成熟一致和易于实现爽滑、松软、酥脆等不同的要求。具体采用何种方法, 需要根据制品所使用的原料、面团性质、成品规格而定。

‹ 蒸 ›

蒸是将制作成形的生坯放在笼屉内, 用蒸汽传导热量的方法使面点制品成熟。蒸制法是面点制作中应用最广泛的熟制法, 可使成品膨松柔软、形态完整和馅心鲜嫩。

一般蒸制时先把蒸锅内的水烧沸, 上大气时, 将生坯整齐地摆在屉内, 盖严锅盖, 中途不要开盖, 根据不同品种调节、掌握火力大小和时间, 直至蒸熟。

‹ 煮 ›

煮是将制作成形的主食生坯投入沸水锅内, 随煮随搅动, 使之受热均匀, 盖上盖后烧沸, 揭去盖, 再用工具轻轻搅动, 以防止粘边和粘底, 当制品漂浮、包馅原料皮鼓起后, 再略加冷水, 保持微沸状态续煮片刻直至成熟, 捞出即可。煮制品的用水量要比蒸制品多数倍以上, 水量多可使制品有受热均匀, 不致粘连, 并可缩短煮制时间, 提高质量。

‹ 炒 ›

炒虽然是制作炒菜常用的技法, 但同时也是制作主食的熟制方法之一。用于制作主食的炒法主要为熟炒, 是先将经过初步熟处理的食材, 如米线、面条、米饭等, 再放入烧热的油锅内, 加上配料和调味料炒至成熟。

很多米饭、面条、米粉类食材, 都可以用炒的方法加工制作, 其口味或清香、或浓郁, 有着独特的风味。

炒制各种主食时需要注意, 因为主食的品种一般都是熟料, 所以炒制时一般用旺火速炒, 时间要短。

‹ 炸 ›

炸是按照制品的要求, 用温油、热油或旺油将制品炸制成熟的一种方法。油温的高低对制品有较大影响, 火候小、油温低, 炸出的制品比较软嫩、色泽淡雅, 但耗油量大; 反之成品一般松脆、色泽金黄, 但如油温过高, 制品容易炸焦, 或发生外焦里不熟的现象。几乎各类面团都可以用炸, 但主要用于油酥面团、碱矾盐面团、米粉面团等制品。

‹ 烙 ›

烙是用平锅、煎盘、铁铛等置火上, 经金属传热使制品成熟的一种方法。烙与煎相似, 只是用油量少或不用油。烙可分为干烙、刷油烙和加水烙三种。

口蘑香菇粥

口味 咸鲜
时间 65分钟

熬粥的过程中，常常会因为火太旺或其他原因造成溢锅的现象。您可以在熬粥的过程中，等粥快开时，滴入几滴食用油，这样就可以防止溢锅的情况发生。此外，在熬粥的过程中，发现快溢锅的时候，往粥内添加少许凉开水，也可以起到同样的效果。

✽ 材 料 Cailiao

大米150克,
鸡胸肉100克

口蘑25克,香菇适量

葱花、精盐各少许

鸡精1小匙

酱油、料酒、植
物油各1/2小匙

高汤240克

∿ 制作步骤 Zhizuo buzhou

❶口蘑、香菇分别去蒂,洗净,放入碗中,加入少许料酒。

❷上屉用旺火蒸10分钟,取出,分别切成抹刀片。

❸鸡胸肉剔去筋膜,洗净,沥净水分,用刀背剁成细蓉。

❹放入大碗中,加入少许精盐和料酒调拌均匀,腌渍10分钟。

❺锅中加入植物油烧热,放入鸡肉蓉炒熟,再加入料酒、酱油炒匀,出锅装碗。

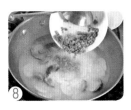

❻锅中加入适量清水,下入淘洗干净的大米,先用旺火烧沸。

❽用小火煮约15分钟,再慢慢倒入炒好的鸡肉蓉,用手勺搅匀。

❾最后加入精盐、鸡精,撒入葱花略煮片刻,盛入大碗中即可。

❼再转小火熬煮20分钟,然后放入口蘑片、香菇片和高汤,撇去浮沫。

❀ 材 料 Cailiao

籼米饭200克，
三文治火腿30克

玉米粒15克

青豆、油菜各
适量，鸡蛋1个

精盐1/3小匙

味精、胡椒粉各少许

植物油2大匙

∽ 制作步骤 Zhizuo buzhou

❶鸡蛋磕入碗中搅打均匀，再加入少许精盐调匀成鸡蛋液。

❷籼米饭放入容器内搅拌至散，再加入少许植物油拌匀。

❸三文治火腿先切成小条，再切成玉米粒大小的丁。

❹油菜择洗干净，沥去水分，切成小段；玉米粒、青豆洗净。

❺锅中加水烧沸，放入油菜、玉米粒和青豆焯烫一下，捞出沥水。

❻锅中加入植物油烧至八成热，倒入鸡蛋液炒至定浆，

❽然后放入玉米粒、青豆、油菜段，转中小火翻炒均匀。

❾最后加入精盐、味精、胡椒粉炒匀，即可出锅装碗。

❼再放入籼米饭翻炒至散，撒上三文治火腿丁，用旺火炒匀。

火腿青菜炒饭

口味 鲜香
时间 20分钟

很多人在炒米饭时总喜欢加入过多的油脂，以为油多就可以使米饭软嫩适口。其实在炒制米饭时要少放油，油多固然可使香味扑鼻、口感润滑，但能量太高，不利健康，而且过多的油脂也会冲淡大米和配料本身的滋味，得不偿失。

家常炸酱面

口味 酱香
时间 30分钟

制作酱料时，猪五花肉粒放入热油锅中要煸炒至出油，可以使酱香肉不腻。炒制酱汁时要用手勺不停地沿一个方向搅动，以免将酱汁炒糊。炒酱汁时加入少许白糖，可以使酱汁更红亮，味道也更为香浓。

❄ 材 料 Cailiao

切面200克,
猪五花肉100克

水发香菇20
克，鸡蛋1个

大葱15克，东北大
酱、酱油各1大匙

料酒、白糖各1/2大匙

味精、香油各1/3小匙

植物油、甜面酱各
2大匙，高汤650克

❧ 制作步骤 Zhizuo buzhou

❶鸡蛋磕入碗中，用筷子搅拌均匀成鸡蛋液。

❷水发香菇去蒂，洗净，攥干水分，切成小丁；大葱切成碎粒。

❸猪五花肉剔去筋膜，洗净，沥去水分，剁成猪肉末。

❹锅中加入少许植物油烧热，下入猪肉末煸炒至变色，盛出。

❺锅中添入清水烧沸，加入少许精盐，放入切面煮10分钟至熟。

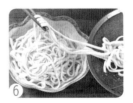

❻捞出沥水，分盛在面碗中；高汤入锅煮沸，出锅倒在面碗内。

❼锅中加入底油烧至七成热，倒入打散的鸡蛋液炒熟，盛出。

❽锅中加入植物油烧至八成热，放入甜面酱、大酱炒至浓稠。

❾再放入猪肉末、香菇丁稍炒，加入酱油、料酒、白糖、味精、鸡蛋碎。

❿快速翻炒至酱汁稠浓，淋入香油，盛入面碗中，撒上葱粒即可。

✤ 材 料 Cailiao

面粉500克

韭菜350克

猪肉馅250克, 虾肉50克

精盐1/2大匙,
味精1/2小匙

酱油、料酒各1大匙

香油2大匙,
植物油100克

◞ 制作步骤 Zhizuo buzhou

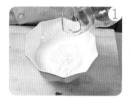

❶面粉放入盆中, 加入200克开水烫成面絮, 再揉和成面团。

❷用湿布盖严, 稍饧, 再搓成长条, 揪成60个小面剂子。

❸虾肉洗净, 挑出虾线, 剁成虾泥, 放入猪肉馅中。

❹加入酱油、料酒、精盐、用竹筷用力搅拌肉馅至发黏上劲。

❺再加入味精、香油, 充分搅拌均匀, 调制成馅心。

❻韭菜择洗干净, 切成碎粒, 放入搅匀的肉馅中拌匀成馅料。

❽再盖上另一张面皮, 捏紧周边, 制成韭菜盒子生坯。

❼将面剂子逐个擀成圆皮, 取一张做底, 抹上馅料。

❾煎锅置火上, 加入植物油烧至六成热, 放入韭菜盒子生坯, 用中火煎至盒子两面呈金黄色时, 捞出沥油, 装盘即可。

韭菜盒子

口味 鲜香
时间 50分钟

用韭菜调制馅料时需要注意，韭菜加入精盐和酱油后容易出汤汁，所以在制作时需要先把韭菜去根后洗净，沥去水分后稍晾片刻，再切成碎末；另外，调制馅料时需要先把其他原料和调味料拌匀，最后再加入韭菜调制。

特色豆沙包

口味 香甜
时间 60分钟

 高筋面粉和低筋面粉与面粉中所含蛋白质的多少有关。高筋面粉蛋白质含量在10%以上，蛋白质含量高，因此筋度强，常用来制作具有弹性与嚼感的面包、面条、筋饼等。低筋面粉蛋白质含量为6.5%～8.5%，低筋粉无筋力，制成的蛋糕等面点特别松软。

✿ 材 料 Cailiao

面粉500克
红小豆300克
白糖150克
桂花酱3大匙
酵母粉2小匙

➰ 制作步骤 Zhizuo buzhou

①面粉放入盆内,加上酵母粉、50克白糖调拌均匀,再加入少许清水调匀。

②放在案板上,揉搓均匀成发酵面团,用湿布盖严,饧30分钟成发酵面团。

③红小豆洗净,用清水浸泡2小时,再放入清水锅中煮至熟烂。

④捞出晾凉,放入容器中捣烂成泥状。

⑤加入桂花酱、白糖搅拌均匀,制成馅料。

⑧封口朝下,揉搓均匀成馒头状,再饧30分钟。

⑨蒸锅加水烧沸,放入豆沙包,用旺火蒸6分钟至熟,出锅装盘即可。

⑥将发酵面团放在案板上,搓成长条状,每25克下一个面剂。

⑦把面剂压扁,再擀成小面饼,中间包入豆沙馅。

❁ 材 料 Cailiao

面粉500克 ●────── ●精盐、味精各1小匙

猪肉馅300克 ●────── ●生抽1大匙

韭菜、虾仁各200克 ●────── ●胡椒粉、香油各
少许，高汤120克

∿ 制作步骤 Zhizuo buzhou

❶面粉加入少许清水调匀，揉搓均匀成面团，饧10分钟。

❷韭菜择洗干净，沥净水分，顶刀切成碎末。

❸鲜虾去壳、除沙线，洗净，沥去水分，切成丁。

❹猪五花肉剔去筋膜，洗净，放在案板上剁成细蓉。

❺放在小盆内，加入精盐、味精、生抽和胡椒粉调拌均匀。

❻再放入韭菜末、虾仁丁拌匀上劲，淋入香油调匀成馅料。

❽擀成直径5厘米大小的面皮，中间包入馅料，捏成半月形饺子。

❾锅中加入清水和少许精盐烧沸，放入饺子煮熟，捞出沥水，装盘上桌即可。

❼饧好的面团放在案板上，搓成长条状，每15克下一个面剂。

三鲜水饺

口味 鲜香
时间 50分钟

家庭在煮饺子时,可在清水锅内加入少许精盐烧沸,再放入饺子煮制,中途不用"点水",不用翻动。这样水沸时饺子也不会粘锅或连皮。饺子煮熟后捞入温水中浸一下,再捞出沥水,装入盘内,饺子就不会粘在一起了。

小笼灌汤包

口味 鲜香
时间 90分钟

在制作面团时可以加入少许食用油，就会避免蒸包子的过程中油水浸出，让面皮部分发死，甚至整个面皮皱皱巴巴、卖相不佳的情况。蒸制灌汤包时如果想让包子不粘底，可以用油纸铺底，也可以用屉布，如果还是粘底，可以把算子倒扣过来，拍点凉开水，略等一会，揭开就可以了。

材料 Cailiao

面粉500克

肥瘦猪肉350克

肉皮冻100克

姜块15克

精盐、味精各1/3小匙

酱油、面酱各1大匙，
鸡汤适量，香油1小匙

制作步骤 Zhizuo buzhou

❶面粉加入少许温水调拌均匀成水调面团，揉匀后稍饧。

❷皮冻切成黄豆大小的粒；姜块去皮，洗净，切成细末。

❸肥瘦猪肉洗净，先切成黄豆大小的粒，再剁成肉末。

❹放入大碗中，加入酱油、面酱、精盐、香油、姜末调拌均匀。

❺边加鸡汤边用筷子朝同一方向搅拌上劲，再放入皮冻粒拌匀。

❻面团放案板上，先切成大块，再搓成直径约3厘米的长条。

❽边包边捏褶，收口处呈"金鱼嘴"状，制成小笼灌汤包生坯。

❾放入小笼中，上屉用旺火蒸约8分钟至熟，出锅上桌即可。

❼每50克下3个面剂，擀成直径5厘米大小的圆片，包入馅料。

❋ 材 料 Cailiao

面粉500克

香葱250克

酵母粉10克

精盐、味精各1小匙

胡椒粉、香油各少许

植物油适量

❧ 制作步骤 Zhizuo buzhou

❶面粉放案板上，扒一凹窝，加入清水、酵母粉调匀，揉搓均匀。

❷把面团揉搓光滑，用湿布盖严，饧30分钟成发酵面团。

❸香葱去根和老叶，洗净，沥净水分，切成碎粒。

❹锅置旺火上，加入植物油烧至六成热，放入香葱粒炒出香味。

❺倒入碗中，加入精盐、味精、胡椒粉、少许香油拌匀成香葱汁。

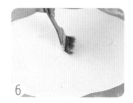

❻发酵面团放在案板上，擀成长方形面片，先刷上一层植物油。

❽用刀把面团切成小条，反方向拧上劲呈花卷状，饧30分钟。

❾蒸锅加入清水烧沸，放上香葱花卷蒸6分钟至熟，装盘上桌即可。

❼再均匀地涂抹上香葱汁，对向折起，再刷油，涂抹葱花。

香葱花卷

口味 咸香
时间 60分钟

制作发酵面团主要有酵母法和自发粉法两种，从营养的角度来讲，酵母法更好。因为发酵的酵母是人体所需维生素B的主要来源之一。维生素B可以起到调节新陈代谢，增强免疫系统和神经系统功能的作用。从发酵速度和操作难易程度来讲，用自发粉比酵母法更方便快捷。

图书在版编目（CIP）数据

看得懂、做得出、吃着香的家常菜 / 夏金龙主编.
-- 长春：吉林科学技术出版社，2013.10
ISBN 978-7-5384-7174-8

Ⅰ．①看… Ⅱ．①夏… Ⅲ．①家常菜肴－菜谱 Ⅳ．
①TS972.12

中国版本图书馆CIP数据核字（2013）第238708号

看得懂、做得出、吃着香的
家常菜

主　　编　夏金龙
出 版 人　李　梁
责任编辑　郝沛龙
技术编辑　王宁宁
封面设计　长春创意广告图文制作有限责任公司
制　　版　长春创意广告图文制作有限责任公司
开　　本　710mm×1000mm　1/16
字　　数　300千字
印　　张　17
印　　数　1—10 000册
版　　次　2014年1月第1版
印　　次　2014年1月第1次印刷

出　　版　吉林科学技术出版社
发　　行　吉林科学技术出版社
地　　址　长春市人民大街4646号
邮　　编　130021
发行部电话/传真　0431-85677817　85635177　85651759
　　　　　　　　　　85651628　85600611　85670016

储运部电话　0431-84612872
编辑部电话　0431-85635176
网　　址　www.jlstp.net
印　　刷　长春新华印刷集团有限公司

书　　号　ISBN 978-7-5384-7174-8
定　　价　35.00元